自然的语言
——揭秘生物世界

文旭先 主编

成都地图出版社
CHENGDU DITU CHUBANSHE

图书在版编目（CIP）数据

自然的语言：揭秘生物世界/文旭先主编．
成都：成都地图出版社有限公司, 2025.1. -- ISBN 978-7-5557-2536-7

Ⅰ. Q-49

中国国家版本馆 CIP 数据核字第 2024B5V811 号

自然的语言——揭秘生物世界
ZIRAN DE YUYAN——JIEMI SHENGWU SHIJIE

主　　编：	文旭先
责任编辑：	高　利
封面设计：	李　超

出版发行：	成都地图出版社有限公司
地　　址：	四川省成都市龙泉驿区建设路 2 号
邮政编码：	610100

印　　刷：	三河市人民印务有限公司

（如发现印装质量问题，影响阅读，请与印刷厂商联系调换）

开　　本：	710mm×1000mm　1/16
印　　张：	10　　　字　　数：140 千字
版　　次：	2025 年 1 月第 1 版
印　　次：	2025 年 1 月第 1 次印刷
书　　号：	ISBN 978-7-5557-2536-7
定　　价：	49.80 元

版权所有，翻印必究

前言 Foreword

  大自然中，有些看起来像植物的，其实是动物，比如构成"海底花园"的一簇簇珊瑚，它们拥有美丽的造型、缤纷的色彩，几千年来一直被误认为是植物，其实，珊瑚是食肉动物珊瑚虫的骨骼。相反，有些看起来像动物的偏偏又是植物，比如毛毡苔，它们能捕捉小虫。当你将小碎肉放上去时，它们的叶子便迅速卷起来，将肉"吞"掉。如此高超的食肉本领令人惊叹，也难怪人们把它们错当成动物。还有些看起来像植物或动物的，其实既不是植物又不是动物，比如冬虫夏草，它们是一种真菌。

  在生物的世界里，人类已知的动物家族有150多万种，植物家族有30多万种，而微生物家族有20多万种，生物家族"人口"众多。当你走进生物的世界时，常常会出现认错或者弄混某些生物的情况。其实，生物的世界里有太多我们不知道的秘密。你听说过威力无穷的"炸弹树"吗？你知道刺猬的武器是什么吗？你见过会放电的鱼吗？你知道叩头虫的名称由来吗？你知道有些神奇的微生物竟以吃铁为生吗？你想弄清楚这些生物圈里的秘密吗？打开本书读读吧！

  本书共分八个部分：花草大观、树木无奇不有、奇妙的陆地动物、探索水中生物、千奇百怪说昆虫、可爱的飞鸟、微生物的世界、人类真奇妙。

Contents 目录

花草大观

竹子开花之谜 ………………………………… 1
"吃"动物的植物 ……………………………… 3
植物也会设置陷阱 …………………………… 5
葵花缘何追太阳 ……………………………… 8
仙人掌耐旱之谜 ……………………………… 10
可以跳舞的草 ………………………………… 11
能指示方向的植物 …………………………… 12
"吃人魔王"日轮花 …………………………… 14
陆地上最长的植物 …………………………… 15
巧用"美人计"的草 …………………………… 16
巧设"水牢"的花 ……………………………… 16
隐居地下的草 ………………………………… 17
草本植物中的"金刚" ………………………… 19

树木无奇不有

"灭火树"是如何灭火的 ……………………… 20
树木怎样过冬 ………………………………… 21
神奇的猴面包树 ……………………………… 24
红叶之谜 ……………………………………… 26

· 1 ·

最毒树木——见血封喉树 ·············· 27
盐碱地里的骄子——木盐树 ·············· 29
奇特的光棍树 ························ 30
分泌奶汁的树——奶树 ·················· 32
面条树 ······························ 33
"酒树":果实能醉倒一头大象 ·············· 34
威力无穷的"炸弹树" ·················· 35
夜间可以供人们在树下看书的"发光树" ······ 36
样子奇特的纺锤树 ···················· 37
全天然有机"牙刷"——牙刷树 ·············· 38
仅剩一株的树 ························ 39

奇妙的陆地动物
响尾蛇的"热眼" ······················ 41
为什么猴子会用它们的尿洗手、洗脚 ········ 43
北极狐的趣闻 ························ 44
针鼹的防御本领 ······················ 45
鼩鼱的奇妙生活 ······················ 46
岩大袋鼠为什么数周甚至数月不喝水 ········ 48
无处不在的帚尾袋貂 ·················· 50
山羊的瞳孔是矩形的 ·················· 51
刺猬的武器 ·························· 51
富有牺牲精神的动物——斑马 ············ 52
"爱干净"的浣熊 ······················ 53
认识藏羚羊 ·························· 54

身披"铠甲"的动物——穿山甲 …………………… 56

探索水中生物

鲸类王国里的"方言" …………………………… 59
海洋动物长途迁徙而不迷路之谜 ………………… 62
大王乌贼的趣闻 …………………………………… 63
不在水里生活的鱼 ………………………………… 65
抗冻的鳕鱼 ………………………………………… 67
海底鸳鸯——鲎 …………………………………… 68
海参奇特的生活习性 ……………………………… 69
爬、游、飞三项全能的豹鲂鮄 …………………… 71
奇怪的叶形鱼 ……………………………………… 72
小丑鱼与大海葵 …………………………………… 72
会放电的鱼——电鳗 ……………………………… 74
打洞的专家——威德尔海豹 ……………………… 74
传说中的"美人鱼"——儒艮 …………………… 76
慈爱的父亲——狮子鱼 …………………………… 77
危险的海洋动物 …………………………………… 78
扬子鳄有趣的习性 ………………………………… 82

千奇百怪说昆虫

大自然的清道夫——蜣螂 ………………………… 85
可爱的气象哨兵 …………………………………… 87
昆虫用植物当"电话" …………………………… 89
昆虫寻花的本领 …………………………………… 90

食鸟蛛的天罗地网 …………………………………… 92
昆虫耳朵趣谈 ………………………………………… 92
突眼蝇的眼睛 ………………………………………… 94
能喷出高温毒液的甲虫——庞巴迪甲虫 …………… 95
不相配的"夫妻"——松针黄毒蛾 ………………… 96
姬蜂养家糊口的方式 ………………………………… 97
奇妙的蟋蟀鸣叫声 …………………………………… 98
埋葬尸体的小虫 ……………………………………… 99
逢人便拜的叩头虫 …………………………………… 100

可爱的飞鸟
鸟类中的"女尊男卑"现象 ………………………… 102
最特殊的"活罗盘"——鸽子 ……………………… 104
奇特的鸟嘴 …………………………………………… 107
丹顶鹤的舞蹈 ………………………………………… 109
看重"礼物"的北极燕鸥 …………………………… 110
不会飞的鸵鸟 ………………………………………… 112
坏名声的杜鹃 ………………………………………… 114
空中的强盗——贼鸥 ………………………………… 115
孵蛋的雄企鹅 ………………………………………… 117
叫声恐怖的夜行性鸟类——仓鸮 …………………… 119
戴着头盔的大鸟——双角犀鸟 ……………………… 121
"倒行逆施"的蜂鸟 ………………………………… 123
边吃边玩的巨嘴鸟 …………………………………… 124
分巢而居的织布鸟 …………………………………… 125

神奇的秘书鸟 ·· 125
在冬、夏繁殖的鸟类——交嘴雀 ······················ 126

微生物的世界

睡眠病的传布者 ··· 128
不能独立生活的孢子虫 ······································ 130
自然界的肇事者——鞭毛虫 ······························· 132
草履虫的生殖方式 ·· 133
神奇微生物吃铁为生 ··· 134
能产生天然柴油的罕见菌类 ······························· 136
吃汞勇士——假单孢杆菌 ··································· 137

人类真奇妙

屁能调节血压 ··· 139
人类毛发的趣闻 ·· 140
人类身上的海洋印记 ··· 141
奇异的人体冷光 ·· 142
多数人都会做的 12 种梦 ··································· 144
人体皮肤是个细菌"动物园" ···························· 146
神秘的梦游 ··· 148
第六感觉之谜 ··· 150

花草大观
HUACAO DAGUAN

春天来了，花开了，草绿了。许多植物都会开出鲜艳、芳香的花朵，这些花朵其实是植物的繁殖器官，可以用它们的色彩和芬芳吸引昆虫来传播花粉，从而为植物繁殖后代。看看这些再普通不过的花草，它们身上能有什么惊人的秘密呢？说几个给你听听：有些草能跳舞，有些花能吃人，有些草会用"美人计"，还有一些草常年隐居地下。你相信吗？不信就亲眼见识一下吧！

竹子开花之谜

竹子开花一直是植物学上的一个难解之谜。

常见的绿色开花植物，尤其是多年生植物，它们开花的时候，往往都是生长最旺盛的时候。唯有竹子不一样，它们一旦开花，就预示着它们的生长历程已接近尾声，生命力也将枯竭。因此，一些迷信的人便把竹子开花与眼前的或之后发生的某些倒霉的事情联系起来，将它看成是不祥的征兆。这些人之所以会把竹子开花看作不祥的征兆，是因为他们觉得竹子开了花就会衰败，像一件事物盛极而衰。

其实竹子开花也是一种繁衍后代的本能。它们要在生命即将结束之前，开花结果留下一些种子，以便再度繁殖，留存物种。

竹子是多年生植物，大多数竹子不像一般的多年生植物那样年年开花结果。它们倒像那些一年生植物——只有一次开花结果的高潮，随即"盛极而衰"。

那么到底是什么原因促使有些竹子生命力不旺盛，走向开花的末日呢？人们经过多次探索，终于弄清楚竹子的生命不能再延长下去的一些原因。其中主要的原因是竹林的土壤肥力耗尽无补，竹子得不到应有的基本养料，从而走上"自杀性"的开花阶段。如果这时人们及时对其进行中耕和追肥，并挖去开花的竹子，砍除一些徒耗养料的老竹，切实做好竹林的管理工作，是有可能把濒临死亡的竹林挽救过来的。

竹子开花常会带来意想不到的严重后果，如生长在我国西南山区的"国宝"大熊猫是以竹子（如箭竹）为主食的，每逢大批竹子开花，受到影响最大的就是大熊猫。针对这种情况，人们正不断做出努力，力争使自然保护区内的竹子不开花或少开花，切实保护好大熊猫的食物来源和生存环境。

基础小知识

箭 竹

箭竹，禾本科，秆型小，少数为中型；秆身挺直，秆壁光滑；壁厚，节隆起，每节均多枝；竹秆多为淡黄色或灰绿色；一般长有暗棕色直立毛刺；多分布于湖北、四川、湖南、云南等地。

竹子虽不像松柏那样长寿，可是一般也能活几十年，也能不断进行繁殖、衍生后代。一旦新竹长成，就应及时、适量地砍去部分老竹，注意保持土壤的肥力，预防竹子感染病虫害，那么成片成片的竹子就可能长期郁郁葱葱，繁茂成林地生长下去。

"吃"动物的植物

植物吃动物的现象在自然界普遍存在，这些植物具有捕捉并消化动物的能力。

在我国的云南、广东等南方各省，有一种绿色植物，它的每一片叶子尖上，都挂着一个长长的"小瓶子"，"小瓶子"上面还有小盖子。这"小瓶子"的形状很像南方人运猪用的笼子，所以人们给这种植物取了个名字，叫猪笼草。奇妙的是这个"小瓶子"的盖子内侧能分泌出又香又甜的蜜汁，贪吃的昆虫闻到甜味就会爬进去吮吸蜜汁，而"小瓶子"里贮有黏液，昆虫极易被黏液粘住，就再也爬不出去。于是猪笼草就得到一顿美餐。

用瓶状的叶子捕食虫类的植物很多，在印度洋中的岛屿上就发现几十种。那些奇怪的"瓶子"有的像小酒杯，有的像罐子，还有的像竹筒……有时小鸟陷进去也别想飞出来。

夏天，在沼泽地带或是潮湿的草原上，常常可以看到一种淡红色的小草。它的叶子是圆形的，只有一枚硬币那么大，上面长着许多腺毛，一片叶子就有上百根腺毛。腺毛的尖端有一颗闪光的小露珠，这是腺毛分泌出来的黏液。这种草叫茅膏菜，也叫毛毡苔，是一种"吃"虫的植物。如果一只小昆虫飞到一株茅膏菜的叶子上，那些露珠立刻就把它粘住，接着腺毛一齐迅速地逼向昆虫，把它牢牢地按住。过几天，昆虫就只剩下一些甲壳质的残骸了。最奇妙的是，茅膏菜竟能辨别落在它叶子上的是不是食物。如果你和它开个玩笑，放一粒沙子在它的叶子上，起初那些腺毛也有些卷曲，但是它很快就会发现这不是什么可口的食物，于是又把腺毛舒展开了。

在葡萄牙、西班牙和摩洛哥等国的山地，有一种植物叫捕虫堇，它的叶子上有一层密密的腺毛，也能捕捉昆虫。曾有人在一株捕虫堇的叶子上找到 235 只昆虫的残骸。

美洲的森林沼泽地有一种叫孔雀捕蝇草的植物，叶子是长条形的，很厚实，叶面上有几根尖尖的茸毛，边缘上还长着十几颗锯齿状的"牙齿"。每片叶子中间有一条线，把叶子分成两半。它能散发出香甜的气味诱惑昆虫。当昆虫飞来的时候，触动了叶子上的茸毛，叶子马上沿中线折叠起来，边缘上的"牙齿"也咬合在一起，然后分泌出黏液来把昆虫消化掉。"吃"完昆虫后，叶子又重新打开，等待新的食物。

还有些"吃"虫植物生长在水中。北京颐和园的池塘里有一种叫狸藻的小水草，它的茎上有许多卵形的"小口袋"，"小口袋"的口子上有个向内开的小盖子，盖子上长着茸毛。水里的小虫游来触动茸毛，小盖子就向内打开，小虫一游进"小口袋"，就再也出不来了。

这些植物一没有牙齿，二没有胃，为什么要"吃"掉昆虫呢？

氮，是构成叶绿素的重要成分。植物需要的氮，主要来自土壤，可是有些地方，比如酸性的湿地和沼泽地带，土壤中含的氮就极少极少，生长在那里的植物，就得从其他方面取得它们所必需的氮，以适应这种缺乏氮的生活环境。茅膏菜生长在潮湿的地方，这些地方的土壤中都缺少氮。这些植物经过许许多多年的进化，吸收氮的功能变得更强了，逐渐产生一种完整的捕虫器官，能够分泌出一种黏液来消化昆虫体内的含氮物质，满足自己对氮的需求。这样就出现了"吃"虫的植物。

许多试验证明，这些"吃"虫植物的消化能力几乎赶上了动物的胃。德国植物学家克涅曾经观察过猪笼草怎样吃蜈蚣，一条蜈蚣的前半身陷进猪笼草的"小瓶子"里，后半身还在外边，但是它没能逃出来，因为它的前半身浸在黏液内，很快就变

广角镜

· 蜈 蚣 ·

蜈蚣是蠕虫形的陆生节肢动物，属节肢动物门多足纲。蜈蚣的身体是由许多体节组成的，每一节上有一对足，所以叫作多足动物。它们白天隐藏在暗处，晚上出去活动，以蚯蚓、蜘蛛等小动物为食。蜈蚣与蛇、蝎、壁虎、蟾蜍并称"五毒"，并位居五毒之首。

成白色了。可见猪笼草的消化力有多强。如果你把一小块煮熟的蛋白放在茅膏菜的叶子上，几小时后，蛋白就变形了，过了几天，蛋白就完全被"吃"光了。"吃"虫植物还有个怪脾气，就是不喜欢"吃"油脂。如果你给茅膏菜一小块肥肉，肉里的蛋白质不久就被"吃"光了，但油还留在叶子上。"吃"虫植物对于淀粉，对于味道甜或酸的食物，也不感兴趣。

植物也会设置陷阱

植物也会通过设置陷阱开杀戒吗？是的。有些植物美丽的外表散发着致命的诱惑，它们设置的陷阱对昆虫来说就是一个坚不可摧的牢笼。

自然的语言
——揭秘生物世界

有些植物用陷阱逮住昆虫，并不是要把它们当作自己的美食吃掉，而是将昆虫囚禁起来，让这些昆虫为自己传粉。在昆虫沾上花粉之后，这些植物便又打开"牢门"，把"俘虏"放走。

基础小知识

传　粉

传粉是成熟花粉从雄蕊花药中散出后，传送到雌蕊柱头或胚珠上的过程。传粉是高等维管植物的特有现象，雄配子借花粉管传送到雌配子体，使植物受精不再以水为媒介，这对它们适应陆生环境具有重大意义。在自然条件下，传粉包括自花传粉和异花传粉两种形式。

有一种花，它散发出来的气味奇臭难闻，令人作呕。这种花就是海芋百合，它的"花瓣"就像一只杯子。它利用像腐烂尸体发出的恶臭，把一种嗜臭食腐的小甲虫吸引过来。当小甲虫爬到海芋百合的"花瓣"上时，"花瓣"内侧分泌的一种油滑液体，使它像坐滑梯似的，一下子滑到"杯子"的底部。这时，小甲虫即使有三头六臂，也逃不出这个"牢笼"。这就是海芋百合设下的陷阱。在陷阱底部，海芋百合的雌蕊会分泌出一种甜甜的蜜汁。小甲虫在贪婪地吮吸这种蜜汁的时候，它的身体不时碰撞上部的雄蕊。这些雄蕊个个都像武侠小说中的暗器机关，小甲虫一碰上，里面立刻射出一串串花粉。这些花粉就沾在小甲虫的身上。

一天以后，油滑的液体也已干枯，这时"禁令"自动解除了，被囚禁一天的小甲虫就可以逃出陷阱了。它浑身沾满了花粉，不久后又被别的海芋百合的臭味吸引住了，再一次跌入新的陷阱。就这样，它把花粉传播了过去。

马兜铃也会通过它的花朵巧设陷阱吸引小虫。它的花朵形状像个小口瓶，瓶口长满细毛。雌蕊和雄蕊都长在瓶底，但是雌蕊要比雄蕊早成熟几天。雌蕊成熟的时候，瓶底会分泌出一种又香又甜的花蜜，通过这种花蜜把小虫子吸引过来。小虫子饱餐一顿后想要返回时，早已身不由己，陷进"牢笼"了，因为瓶口细毛的尖端是向下的，进去容易出来难。小虫子心慌意乱，东闯西撞，四处碰壁，不知不觉中把自己带来的花粉都粘到了雌蕊上。几个小时后，虽然雌蕊萎谢了，但是小虫子依然是"花之囚"。直到两三天后，雄蕊成熟了，瓶口的细毛枯萎脱落了，这个浑身沾满花粉的贪吃的"使者"才逃出"牢笼"。刚恢复自由身的小虫子可能又会飞向另一朵马兜铃花，心甘情愿地继续充当"媒人"。

除了海芋百合和马兜铃，还有一些会设陷阱的植物。比如一种萝藦类的花，虫子飞至花上时细脚极易陷入花的缝隙中，导致脚上沾满花粉。它们从缝中拔出脚来，脱身以后又飞到别的花朵中，完成传粉。

相比其他花设置的陷阱，兜兰（又称拖鞋兰）设置的陷阱可以说是别具一格。兜状的花中没有明显的入口，也看不到雄蕊和雌蕊，只是中间有一道垂直的裂缝。蜜蜂从这儿钻进去，便来到了这个半透明的、脚下到处是花蜜的小天地里。蜜蜂尝了几口，刚准备离去，谁知后面已封闭起来，没有退路了。只有上面开着一个小孔，蜜蜂只好沿着雌蕊柱头下的小道勉强穿过，这时身上的花粉被刮去了。当它再钻过布满花粉的过道，身上又沾满了花粉，这些花粉是兜兰"请"蜜蜂带给另一朵花的。

自然的语言
——揭秘生物世界

葵花缘何追太阳

向日葵,即葵花,是菊科一年生草本植物,茎直立,圆形而多棱角,表皮质硬有粗毛。叶互生,呈卵形。它的"头"是一个圆形花盘,上面有成百上千朵小花。花盘上聚生着许多管状小花,每朵小花结成一颗果实,整齐地排列着。花盘周围有一圈金黄色的舌状小花,又大又鲜艳,但这些花不结果实,它们唯一的任务是让昆虫能看到向日葵,引诱其前来传送花粉。

金灿灿的葵花每天都在追逐太阳。早晨,旭日东升,它含笑相迎;中午,太阳高悬头顶,它仰面相向;傍晚,夕阳西下,它转首凝望,向太阳"告别"。它每天跟着太阳转来转去,难怪人们叫它"朝阳花""向日葵""转日莲"。"葵藿倾太阳,物性固莫夺",杜甫的这两句诗说的就是葵花向着太阳转。

那么,葵花为什么能向阳开呢?这里,我们不妨做这样一个实验:把葵花种在温室里,然后用冷光也就是日光灯代替太阳光对花盘进行照射。冷光的方向与太阳光一致:早晨从东方照射,傍晚从西方照射。这时,你会发现无论是早晨还是傍晚,葵花的花盘都没转动。如果用火盆来代替太阳,并把火光遮挡起来,花盘就会一反常态,不分白天黑夜,也不管东西南北,一个劲儿随着火盆转动。

从这个意义上说,向日葵花盘的转动似乎并不是由于光线的直接影响,而是由于阳光把花盘中的管状小花晒热了,温度上升使花盘向着太阳转动起来。因而,向日葵还可以被戏称为向热葵。

然而,科学家经过长期的研究和许多实验,才发现了葵花向日的秘密。原来,花盘下面的茎中有一种奇妙的植物生长素。黎明,旭日东升，茎里的生长素溜到背光的一边去，刺激那一面的细胞迅速繁殖，使背光面比向光面生长得快，于是整个花盘朝着太阳弯曲。随着太阳在空中移动，茎里的植物生长素不断背着太阳移动，像同太阳捉迷藏似的。就这样，生长素每到一处，都会刺激细胞加速生长，因而花盘就朝着太阳打转。

近年来，随着内源激素鉴定技术的发展，科学家对向日葵的向光性弯曲又有新发现。原来，在向日葵生长区的两侧除了生长素浓度有差异外，科学家还分析出有较高浓度的叶黄氧化素存在，这是一种脱落酸生物合成过程中的中间产物，是一种抑制细胞生长的物质。实验证明，在向日葵茎的一侧受到阳光照射30分钟后，向光一侧的叶黄氧化素的浓度比背光的一侧要高，正好同生长素的浓度相反。科学家认为，向日葵的向光性运动，应该说是生长素与叶黄氧化素共同作用的结果，而叶黄氧化素的作用可能更大些。

知识小链接

激 素

激素，旧称"荷尔蒙"，希腊文原意为"奋起活动"。它是由内分泌腺或内分泌细胞分泌的高效生物活性物质，在体内作为信使传递信息，对机体生理过程起调节作用的物质，是我们生命中的重要物质。它对机体的代谢、生长、发育、繁殖、性别等起重要的调节作用，是高度分化的内分泌细胞合成并直接分泌入血液的化学信息物质，通过调节各种组织细胞的代谢活动来影响人体的生理活动。

自然的语言
——揭秘生物世界

仙人掌耐旱之谜

在异常干旱的沙漠地区,作为生物命根子的水是极为稀缺的。不要说人类难以在那里居住,就连植物也极其稀少,只有各种仙人掌类植物耗水量极少,被赋予得天独厚的抗旱本领,能够战胜那里的骄阳和热风,为沙漠增添一点生机。

仙人掌是怎样节约用水、抵抗干旱的呢?原来在沙漠生长的仙人掌为了减少水分蒸腾的面积,节约水分的"支出",叶片已经慢慢地退化变成了针状或刺状。绿色扁平的茎也披上了一件非常紧密的"外衣"——角质层,而且里面还分布着几层坚硬的厚壁组织,这样的装备能够有效地防止水分蒸发。更有趣的是,仙人掌表皮上的下陷气孔只有在夜晚才稍稍张开,这样便大大地降低了蒸腾的速度,防止水分从身体里跑掉。

基础小知识

角质层

角质层是表皮的最外层,由已死亡的无核角质细胞组成。角质层的主要作用是保护其皮下组织,防止皮下组织遭受感染、脱水以及抵抗化学作用等所带来的压力。角质层的细胞内含有角蛋白。它有助于减少水分蒸发,甚至能吸收水分,使皮肤保持湿润。由于角蛋白的吸水作用,不少动物(包括人类在内)的皮肤在浸泡于水中一段时间后会出现起皱的现象。

仙人掌类植物的茎长得厚厚的,肉质多浆,简直成了一个"水库"。如果遇到一次阵雨,那又深又广的根系就拼命吸收水分,同时茎把输送来的大量水分贮存起来，以满足干旱环境下补水的需要。墨西哥有一种巨柱仙人掌，长得像一根根大柱子，有几十米高，体内能贮藏1吨以上的水分，路人常常砍开仙人掌以解口渴。它那肥厚的茎是绿色的，能代替叶子进行光合作用，成为制造食物的工厂。正因为如此，仙人掌类植物才能在干旱地区长期生存下来。

> **基础小知识**
>
> **光合作用**
>
> 光合作用即光能合成作用，是绿色植物、藻类和蓝细菌在可见光的照射下，将二氧化碳和水转化为有机物并释放出氧气的过程。光合作用是一系列复杂的代谢反应的总和，是生物界赖以生存的基础，也是地球碳氧循环的重要媒介。

人们把墨西哥称为"仙人掌之国"。据说世界上已知的2000多种仙人掌品种中，一半以上可以在那里找到。由于仙人掌耐旱，须根特别长，墨西哥农民就利用它来防止水土流失，固定流沙，保护农田。有的人把它种在住宅旁作为篱笆，凭它身上的荆棘，既能防兽又能防盗。仙人掌的茎还是墨西哥人爱吃的蔬菜。

可以跳舞的草

一般认为，只有动物才会活蹦乱跳，植物都是直立不动的。现实并非如此。

常见于亚洲和南太平洋地区的舞草就是一种能跳舞的植物，虽然它的名称是"舞草"，但它并不是草，而是一种小灌木。舞草有一种很奇特的本领，它的叶片能够翩翩起舞。舞草的舞姿美妙而不单

自然的语言
——揭秘生物世界

一,一会儿绕轴旋转,一会儿猛地向上升又降落下去。舞草跳舞很有节奏,摇曳生姿,蔚为壮观,而且可以从太阳升起一直跳到太阳落山。其他植物很少有这种奇特的快速运动能力,金星捕蝇草也会跳舞,但舞草是最奇特并且最闻名遐迩的。

> **基础小知识**
>
> ### 灌木
>
> 灌木是指那些没有明显的主干、矮小呈丛生状的木本植物,一般可分为观花、观果、观枝干等几类。常见灌木有玫瑰、杜鹃、牡丹、小檗、黄杨、沙地柏、铺地柏、连翘、迎春、月季、茉莉、沙柳等。

每当夜幕降临之际,舞草便会进入睡眠状态停止跳动,第二天太阳升起的时候又重新跳动。关于舞草能够跳舞的原因,科学家们目前还没有研究清楚。有的学者认为,是植物细胞的生长速度变化所致;也有学者认为,是生物的一种适应性,它跳舞时,可躲避一些昆虫的侵害,再就是其生长在热带,两枚小叶一动,可躲避酷热,以保存体内水分。舞草不只会跳舞,还有药用功效。据《本草纲目》记载,舞草的根、茎、叶均可入药,泡成药酒可治疗骨病、风湿病、关节炎、腰膝腿痛等疾病。用其嫩叶泡水洗脸,能让皮肤光滑白嫩。

能指示方向的植物

在广阔无垠的草原上,有经验的牧民除了利用日月星辰和地物、地貌来辨认方向以外,还可以利用草原上生长的一些植物来辨明东西南北。

"指南草"是生长在内蒙古草原上的一种野莴苣。因为它们的叶子基本上垂直地排列在茎的两侧，而且叶面与地面垂直，呈南北向排列，所以当地人称之为"指南草"。为什么"指南草"会指南呢？

原来，广阔的内蒙古草原地势平缓，没有明显的山脉、谷地，没有高大树木，有的只是一望无际的原野。一到盛夏，火辣辣的太阳烤着草原，尤其是到了中午时分，草原上更为干燥，水分蒸发量大。在这种特定的生态环境中，野莴苣有一种独特的适应环境的生存方式：叶面与地面垂直，并且呈南北向排列。这样一来，第一，在中午太阳辐射最强时，可最大程度地减少阳光直射的面积，进而减少它体内的水分蒸发；第二，利于早晚吸收斜射的太阳光，让它进行光合作用。人们研究发现，越是干燥的地方，"指南草"指示的方向也就越准确。

内蒙古草原除了野莴苣可以指示方向外，还有蒙古菊等也能指示方向。

有趣的是，地球上不但有以上所说的会指示南、北方向的植物，在非洲南部的大沙漠里还有一种仅指示北方的植物，人们叫它"指北草"。由于"指北草"生长在南回归线以南。它总是接受从北面射来的阳光，由于植物的趋光性，所以花朵总是朝北生长。它的花茎十分坚硬，花朵又不能像向日葵花盘那样随太阳转动，因而总是指向北方，"指北草"也由此得名。

在非洲东海岸的马达加斯加岛上，还有一种"指南树"，它的树干长着一排排细小的针叶。不论这种树生长在高山还是平原，那细针状的树叶总是像指南针似的指向南方。

在草原或沙漠上旅游，如果了解了这些指示方向的植物的习性，就不会迷路了。

自然的语言
——揭秘生物世界

"吃人魔王"日轮花

在南美洲亚马孙河流域茂密的原始森林和广袤的沼泽地带里，生长着一种令人畏惧的吃人植物，叫日轮花。日轮花长得十分娇艳，其形状酷似太阳或齿轮，故而得名。

长得十分娇艳的日轮花，有兰花般的诱人香味，叶片有3~4厘米长。如果有人被那细小艳丽的花朵或花香所迷惑，上前采摘时，只要轻轻接触一下，不管是碰到了花还是叶，那些细长的

> **拓展阅读**
>
> ·黑寡妇蛛·
>
> 在毒蜘蛛中，最有名的、毒性最强的是黑寡妇蛛。黑寡妇蛛全身大多为黑色，腹部有红斑，所以又称红斑蛛。其实，黑寡妇雄蜘蛛性格较温和，毒性很小，不会袭击人，而黑寡妇雌蜘蛛生性"歹毒"，它们不但袭击其他昆虫，而且还吞食自己的"丈夫"，甚至敢攻击招惹它们的人。黑寡妇雌蜘蛛的毒液比响尾蛇毒还强15倍，只需0.006毫克的毒液就足以杀死一只老鼠。

△ 日轮花

叶子会立即像鸟爪子一样伸展过来,将人抓住。同时,躲藏在日轮花旁边的大型蜘蛛——黑寡妇蛛,便迅速赶来咬食人体。这种蜘蛛的上颚内有毒腺,能分泌出一种神经性毒蛋白液体。当毒液进入人体时,就会使人中毒,甚至致人死亡。尸体就成了黑寡妇蛛的食粮。黑寡妇蛛吃了人的尸体之后,所排出的粪便是日轮花的一种特别的养料。因此,日轮花就潜心尽力地为黑寡妇蛛捕猎食物。它们狼狈为奸,凡是有日轮花的地方,必有吃人的黑寡妇蛛。当地的人,对日轮花十分恐惧,每当看到它就要远远避开。

陆地上最长的植物

在非洲的热带森林里,生长着参天巨树和奇花异草,也有可绊你跌跤的"鬼索",这就是在大树周围缠绕成无数圈圈的白藤。

白藤也叫省藤,我国云南、海南、广东、广西、福建等地也有生长。以白藤为原料,可以加工制成藤椅、藤床、藤篮、藤书架等。

白藤茎干一般很细,只有小酒盅口那般大小,有的还要细些。它的顶部长着一束束羽毛状的叶。茎的上部直到茎梢又长又结实,上面长满了又大又尖往下弯的硬刺。它们像一根带刺的长鞭,随风摇摆,一碰上大树,就紧紧地攀住树干不放,并很快长出一束又一束新叶。接着,它们就顺着树干继续往上爬,而下部的叶子则逐渐脱落。白藤爬上大树顶部后,还是一个劲儿地生长,可是已经没有什么可以攀缘的了,于是白藤那越来越长的茎就往下坠,在大树周围缠绕成无数个圈圈。

白藤一般长达 300 米,比世界上最高的桉树还长约 1 倍。据资料记载,白藤长度的最长纪录竟达 500 米。陆地上还有比这更长的植物吗?没有了!

自然的语言
——揭秘生物世界

巧用"美人计"的草

异花传粉植物要想得到来自其他同类植株的花粉,除了利用风力、水力、人的活动传送花粉以外,还可以请昆虫来帮忙。

在众多的异花传粉植物中,有一种叫角蜂眉兰的草,招引昆虫传粉的办法最令人叫绝。它竟然会利用"美人计"来诱骗雄角蜂前来光顾,让其充当为自己传授花粉的"媒人"。

基础小知识

异花传粉

同株或异株的两花通过风力、水力、昆虫或人的活动把花粉传播到雌蕊柱头上,进行受精的一系列过程叫异花传粉。在果树栽培中,不同品种间的传粉和林木种植中不同植株间的传粉,也叫异花传粉。异花传粉与自花传粉相比,是一种进化方式。因为异花传粉的花粉和雌蕊来自不同的植物,二者的遗传性差异较大,受精后发育成的后代往往具有较强大的生命力和适应性。

巧设"水牢"的花

在中美洲的热带丛林里生长着一种名叫盔兰的兰科植物,可以说它利用昆虫传粉的本领技高一筹。它利用自己的花朵巧妙地设置了一个"水牢",将昆虫囚禁在里面,强迫昆虫充当为自己传授花粉的"媒人"。

盔兰是怎样巧设"水牢"的呢?原来,在它的花朵上,有一个像古代武士头盔的唇瓣伸在前方。这个"头盔"口朝上，底部还存有一汪清水，这就是盔兰巧设的"水牢"。它设置得十分精巧，在位于盔底上方的花梗上有2个圆包状的小腺体，那里可以不断地分泌出透明的液体，一滴滴落在"头盔"底部。奇妙的是，当液体流到约6毫米深的时候，腺体就不会再分泌出液体了。然而更为奇妙的是，在"头盔"内液面以上的侧壁上，有一条略向上斜的管道与外面相通。

清晨时分，盔兰花绽开以后，成群的长舌蜂雄蜂拥挤在花瓣的边沿上刮取花朵上的蜡质。突然，一只长舌蜂雄蜂被挤进了"头盔"底部，身上立刻被液体沾湿。它想爬出来，但是"头盔"内壁又太滑，它只好奋力从侧壁上的管道里钻出来。可是，这只长舌蜂雄蜂怎么也不会想到，就在它从狭窄的管道里脱身的时候，隐藏在管道出口处的花蕊柱已经在它的背上粘上了花粉。当它在另一朵盔兰花上跌入"水牢"，从管道脱身时，它背上的花粉就会被管道顶上的一个"小钩"（柱头穴）钩下来，使盔兰得到来自异花的授粉。

直到这时候，这只两次"遇险"，又两次"逃生"的长舌蜂雄蜂，还不知道自己在无意之中做了盔兰的"媒人"呢。

隐居地下的草

我们都知道植物生长离不开阳光，可是在我国的内蒙古、甘肃、新疆的沙质荒漠和草原地带，却生长有两种"隐居地下"的草。肉苁蓉和锁阳就是这两位"隐士"的名字。它们虽然隐居在荒僻地带，却都是著名的药用草。

在没有阳光的地下，任何植物都无法进行光合作用。那么，这

自然的语言
——揭秘生物世界

两位能够在地下隐居3~5年的"隐士",是靠什么来满足自己生长的需要呢?原来,肉苁蓉和锁阳这两位地下"隐士",竟然是两个不光彩的寄生者。它们是靠着吸取梭梭草、柽柳等沙漠植物的养分来满足自己生长的需要的。在黑暗的地下,它们寄生在其他植物的根部,养尊处优,长得肥肥胖胖,根本就用不着叶子进行光合作用来生产自己所需要的养分,所以它们的叶子退化成了小鳞片状,完全丧失了进行光合作用的能力。

三五年的时间过去,在肉苁蓉和锁阳的生命即将结束的时候,它们才匆匆忙忙地从肉质茎上长出一个粗壮肥大的花序,钻出地面,在短短的三四天里,开出花朵,结出数以万计的种子,然后死去。那些种子随风飘荡,当遇到合适的寄主时,它们便钻入地下,重新过着不劳而获的地下隐居生活。

基础小知识

花 序

被子植物的花,有的是单独一朵开在茎枝顶上或叶腋部位,称单顶花或单生花,如玉兰、牡丹、芍药、莲、桃等。但大多数植物的花,密集或稀疏地按一定排列顺序,着生在特殊的花轴上,之后依序开放。花在花轴上排列的方式称为花序。

肉苁蓉和锁阳为什么要过这种不光彩的地下隐居生活呢?原来,西北的荒漠地带,气候十分干旱、恶劣,为了生存下去,顺利地传宗接代,它们在千万年的生存竞争中,逐步形成这种能够适应恶劣环境的奇特本领。

草本植物中的"金刚"

在地球上已发现的植物种类中,草约占2/3。我们把这近30万种的植物统称为草本植物。水稻、小麦、青菜等都是草本植物。

基础小知识

草本植物

草本植物的茎内木质部较不发达或不发达,茎多汁,较柔软。按草本植物生命周期的长短,一般可分为一年生、二年生和多年生草本植物。一年生或二年生的草本植物多数在生长季终了时,其整体基本死亡,如水稻、萝卜等;多年生草本植物的地上部分每年死去,而地下部分的根或茎能存活多年。

草本植物给人的印象是体形一般比较矮小,墙隅小草长不及五六厘米,稻子、小麦也仅高1米上下,但是在草本植物这个大家族里,也有身躯庞大的"金刚",它叫旅人蕉。这尊"金刚"高达20多米,有六七层楼高,是世界上最大的草本植物。

有趣的是,旅人蕉的叶片底部像个大汤匙,里头贮存着大量的清水。这种植物原产于马达加斯加岛。据说,当旅行者旅行时,随身携带的水已喝光,燥渴难忍时,若幸运地遇到它,就可以痛饮甘美清凉的水。因此,人们给它起名"旅人蕉"。又因为它含水多,所以又叫水树。但是实际上它不是树,而是世界上最大的草本植物。

虽然旅人蕉的家乡在非洲的马达加斯加岛,但是我国南部沿海地区也有栽种。

树木无奇不有
SHUMU WUQI-BUYOU

　　树木能调节气候，保持生态平衡；树木通过光合作用吸进二氧化碳，吐出氧气，使空气清洁新鲜，一亩树林一年放出的氧气足够65人呼吸一年；树木能防风固沙，保持水土；树木能减少噪声污染；树木的分泌物能杀死细菌；树木可以降低温度、提高湿度。树木对生态环境的这些益处足以让你想更深入地了解它们了吧？世界上的树木无奇不有，有能灭火的树，有挂满"面条"的面条树，有威力无穷的"炸弹树"，还有夜间可以供人们在树下看书的"发光树"……

"灭火树"是如何灭火的

　　树木遇火就会燃烧，而森林中有成千上万株树木，一旦发生火灾，那严重的后果是可想而知的。因此预防森林火灾是各国林业工作人员的一大课题。可是你知道吗？在大自然中，还有一种会自己灭火的"灭火树"。

这种不仅不怕火烧而且会灭火的奇特的树木生长在非洲丛林中，本名叫梓柯树。在非洲安哥拉西部流传着一句谚语："盖房要用梓柯树，不怕火灾安心住。"有一位科学家曾对这种树的灭火性做过实验，他故意在一棵梓柯树下用打火机点火吸烟。当他的打火机的火光一闪，顿时从树上喷出了无数条白色的液体泡沫，劈头盖脸地朝这位科学家的身上扑来，使打火机的火焰立刻熄灭，而这位科学家从头到脚都是白沫，浑身湿透，狼狈不堪。这种灭火树很像灭火器，而且是全自动的。

梓柯树为什么会有这种高超的灭火本领呢？科学家们经过研究发现，这种树上有一个自动的天然灭火的装置。梓柯树从外表来看，树形高大，枝叶茂密。细长的叶子朝下垂着，长约2.5米，好像长长的辫子。在这茂密的叶子丛中隐藏着许多馒头大小的圆球，其实那正是灭火的武器——节苞。节苞上有许多小孔，仿佛洗澡用的淋浴喷头一样，里面装满了白色透明的液体。经化学家们分析，这些液体中含有大量的四氯化碳。

梓柯树对火特别敏感，只要它的附近出现火光，梓柯树就会立刻对节苞发出命令，而节苞马上会喷射出液体泡沫，把火焰扑灭，保证它自己和周围的林木不受火灾的危害。生物学家估计，梓柯树这种特殊的"灭火"本领可能是一种遗传下来的保护自身的植物生理机能。

树木怎样过冬

植物的许多现象是十分引人深思的。例如，同样是从地上长出

自然的语言
——揭秘生物世界

来的植物，为什么有的怕冻，有的不怕冻？更奇怪的是松柏、冬青一类树木，即使在滴水成冰的冬天里，依然苍翠夺目，经受得住严寒的考验。

其实，不仅各式各样的植物抗冻力不同，就是同一株植物，在不同季节的抗冻力也不一样。北方的梨树，在零下20℃至零下30℃能平安越冬，可是在春天却抵挡不住微寒的袭击。松树的针叶，在冬天能耐受零下30℃严寒，在夏天如果人为地降温到零下8℃，松树就会被冻死。

到底是什么使有些树木在冬天变得特别抗冻呢？

过去国外一些学者说，植物可能与温血动物一样，本身也会产生热量，这是由导热系数低的树皮组织加以保护的缘故。另一些科学家则认为主要是在冬天树木的组织含水量少，所以在冰点以下也不易引起细胞结冰而死亡。但是，这些解释都难以令人信服。现在人们已清楚地知道，树木本身是不会产生热量的，而在冰点以下的树木组织也并非不能冻结。在北方，柳树的枝条、松树的针叶，在冬天不是被冻得像玻璃那样发脆吗？然而，它们都依然活着。

广角镜

·温血动物·

温血动物（恒温动物）在动物学中指的是那些能够调节自身体温的动物，它们的活动性并不像冷血动物（变温动物）那样依赖外界温度。鸟和哺乳动物会通过新陈代谢产生稳定的体温，这体现在基础代谢率上。温血动物（恒温动物）的基础代谢率远高于冷血动物（变温动物）。

那么，秘密究竟何在呢？

原来，树木为了适应周围环境的变化，每年都用"沉睡"的妙法来对付冬季的严寒，树木的这种本领在很早以前就已经锻炼出来了。

树木要生长就要消耗养分，春夏树木生长快，养分消耗多于积累，因此抗冻力也弱。但是，到了秋天，情形就不同了。这时候白昼温度高，日照强，叶子的光合作用旺盛；而夜间气温低，树木生长缓慢，养分消耗少，积累多，于是树木就越来越"胖"，嫩枝变成了木质……树木也就逐渐有了抵御寒冷的能力。

然而，别看冬天的树木表面上呈现静止的状态，其实它们的内部变化却很大。秋天积贮下来的淀粉，这时候转变为糖，有的甚至转变为脂肪，这些都是防寒物质，能保护细胞，让其不易被冻死。如果将其组织制成切片，放在显微镜下观察，还可以发现一个有趣的现象：平时一个个彼此相连的细胞间的连接丝都断了，而且细胞壁和原生质也离开了，好像各管各的一样。这个肉眼看不见的微小变化，在植物的抗冻力方面起着巨大的作用。当组织结冰时，它就能避免细胞中最重要的部分——原生质遭受损伤的危险。

基础小知识

原生质

原生质是细胞内生命物质的总称，它的主要成分是蛋白质、核酸、脂质等。原生质分化产生细胞膜、细胞质和细胞核。一个动物细胞就是一个原生质团，植物细胞由原生质体和细胞壁组成。

可见，树木的"沉睡"和越冬是密切相关的。冬天，树木"睡"得愈深，就愈忍得住低温，愈富有抗冻力；反之，像终年生长而不休眠的柠檬树，抗冻力就弱，即使像上海那样的气候，它也不能露地过冬。

神奇的猴面包树

在非洲干旱的热带草原上，生长着一种形状奇特的大树——猴面包树。它不但是动物们的食物来源，而且还是世界上最粗的药用树。

猴面包树又叫波巴布树、猢狲木或酸瓠树，是大型落叶乔木。猴面包树树冠巨大，树杈千奇百怪，酷似树根，远看就像是摔了个"倒栽葱"。它的树干很粗，最粗的直径可达12米，要20多个人手拉手才能围它一圈，但它的个头又不高，只有10多米。因此，整棵树显得像一个大肚子啤酒桶。远远望去，树似乎不是长在地上，而是插在一个大肚子的花瓶里，因此又被称为"瓶子树"。

基础小知识

落叶乔木

落叶乔木是每年秋冬季节或干旱季节叶子全部脱落的乔木。一般指温带的落叶乔木，如山楂、梨、苹果、梧桐等。落叶是植物为减少蒸腾、度过寒冷或干旱季节的一种适应性反应，这一习性是植物在长期进化过程中形成的。落叶是由日照、水分、温度等因素引起的，当其内部生长素减少，脱落酸增加，在叶柄的基部就会产生离层，造成落叶的结果。

猴面包树的树干粗壮，果实巨大如橄榄球，甘甜汁多，是猴子、猩猩、大象等动物最喜欢的美味佳肴。当果实成熟时，猴子就成群结队而来，爬上树去摘果子吃，"猴面包树"的称呼由此得来。

🔺 猴面包树

除了非洲，地中海、大西洋、印度洋诸岛及大洋洲北部也都可以看到猴面包树。猴面包树不管长在哪儿，树干虽然都很粗，但木质却非常疏松，可谓外强中干、表硬里软，这种木质最利于储水。它有独特的"脱衣术"和"吸水法"。

基础小知识

根 系

植物的根总称为根系，分为直根系和须根系。直根系指植物的根系由一明显的主根（由胚根形成）和各级侧根组成；须根系指植物的根系由许多粗细相等的不定根（由胚轴下部或幼茎基部所产生的根）组成。

每当旱季来临，为了减少水分蒸发，它会迅速脱光身上所有的叶子。一旦雨季来临，它就利用自己粗大的身躯和松软的木质代替根系，如同海绵一样大量吸收并贮存水分，待到干旱季节慢慢享用。据说，它能贮存几千千克甚至更多的水，简直可以称为荒原的贮水塔了。

在沙漠旅行，如果口渴，你不必动用携带的"储备"，只需用小刀在随处可见的猴面包树的肚子上挖一个洞，清泉便喷涌而出，这时就可以拿着容器接水畅饮一番了。因此，不少去过沙漠旅行的人说："猴面包树与生命同在，只要有猴面包树，在沙漠里旅行就不必担心。"

猴面包树浑身是宝。其鲜嫩的树叶是当地人十分喜爱的蔬菜，能做汤，也可以喂马。种子能炒食或榨成食用油。果肉可以食用或制成饮料。果实、叶子以及树皮都可以入药，具有养胃利胆、清热消肿、止血止泻的功效，还含有抵抗胃癌细胞形成和扩散的物质。它还曾被用来治疗疟疾，起退热作用。其树叶和果实的浆液，至今还是当地常用的消炎药物。

红叶之谜

人们平时总是说"绿叶红花"，仿佛叶子总是绿色的。确实，在大自然中，树叶和其他植物的叶子在绝大多数时间里几乎都是绿色的，可也有些树种，在秋天时它们的树叶颜色会起变化，如有名的北京一景——香山红叶，每年秋天，那漫山遍野的红叶让游人流连忘返。江南一带的枫树，到了秋天，也是一派"红枫如火"的景象。唐代大诗人杜牧的名句"霜叶红于二月花"便是对秋天红叶的赞美。

那么，叶子怎么会变成红色的呢？原来叶子的颜色是由它所含的色素来决定的。一般的叶子含有大量的绿色色素，我们叫它叶绿素。除了叶绿素外，一些叶子还有黄色或橙色的胡萝卜色素、红色的花青素等。

叶子的叶绿素是进行光合作用的色素。它在阳光作用下，吸收二氧化碳和水，吐出氧气，产生有机物质，所以叶绿素是十分活跃的家伙，但它也很容易被破坏。夏天的叶子能保持绿色，是因为不断有新的叶绿素来代替那些褪色的老叶绿素。到了秋天，天气逐渐转冷，影响了叶绿素的产生，叶绿素遭破坏的速度超过了它生成的速度，于是树叶的绿色逐渐褪掉，变成了黄色。黄色就是留在叶子里的胡萝卜素的颜色。

知识小链接

花青素

花青素是一种水溶性色素，可以随着细胞液的酸碱度的变化改变颜色。细胞液呈酸性则偏红色，细胞液呈碱性则偏蓝色。花青素是构成花瓣和果实颜色的主要色素之一。花青素为植物二级代谢产物，在生理上扮演着重要的角色。

但是有些树种的树叶随着天气的变化会产生大量的红色花青素，于是叶子就开始变红了。叶子产生花青素的能力和它周围环境的变化有很大关系。如冷空气一来，气温突然下降，植物中的花青素就容易形成，因此在秋天有些树上的树叶就会变红。

最毒树木——见血封喉树

热带丛林中生长着一种"见血封喉树"，其干、枝、叶等都含有剧毒汁液。在我国海南的台地、丘陵乃至低海拔林地，偶尔可见这

自然的语言
——揭秘生物世界

种被当地人称为鬼树的见血封喉树。

见血封喉之"毒"并非耸人听闻。中国热带农业科学院热带作物品种资源研究所曾有一名工作人员就中过此"毒"。华南农业大学热带植物园有一个专门培育见血封喉种苗的苗圃。一次，这名工作人员去苗圃里拔见血封喉树的幼苗，不慎擦破手，不久这名工作人员的手掌竟红肿了起来，而且愈来愈严重……幸亏毒液没有渗得很深，剂量也很少，否则后果不堪设想。

研究发现，人类若误食见血封喉树的汁液或伤口沾上汁液，便会出现中毒症状，严重者造成心脏麻痹致死。故海南许多地方的村民称这种树为鬼树，不敢去触碰它们、砍伐它们，生怕有生命危险。在海南的台地、丘陵乃至低海拔林地，虽经人为垦殖破坏，但仍可偶见高大而孤立的见血封喉树。善良的人们常会在见血封喉树下围放或种植带刺的灌木丛，不让人畜接触它们。在植物园或森林公园若有此树，一般都设有提示牌提醒人们不要去碰它们，以免发生意外。对见血封喉之毒，民谚有云："七上八下九不活。"

为保卫家园，加里曼丹岛伊兰山脉附近小山村的村民们曾利用见血封喉树之毒杀敌。

无独有偶，在过去，海南黎族的猎手也常用此树的浆汁涂在箭头上，以猎取鸟兽。据说中箭的鸟兽只要擦伤皮流点血，便

▶ 拓展阅读

· 黎 族 ·

黎族是中国岭南地区的少数民族之一，以农业为主，妇女精于纺织，黎锦闻名于世。黎语属于汉藏语系侗台语族黎语支，不同地区方言不同，通用汉语。黎语也吸收了不少汉语的词汇，尤其是中华人民共和国成立后吸收的有关政治、经济、文化等方面的新词汇就更多了。

会在3分钟内死去,故也有人称见血封喉树为"箭毒木"。

盐碱地里的骄子——木盐树

在我国黑龙江省与吉林省交界处,有一种六七米高的树,每到夏季,树干就像热得出了汗。"汗水"蒸发后,留下的就是一层白似雪花的盐。人们发现了这个秘密后,就用小刀把盐轻轻地刮下来,拿回家用来炒菜。据说,它的质量可以跟精制食盐一比高下。于是,人们给了它一个恰如其分的称号——木盐树。

木盐树是如何生产盐的呢?一般植物喜欢生长在含盐少的土壤里。可有些地方的地下水含盐量高,而且部分盐分残留在土壤表层里,每到春旱时节,地里就出现一层白花花的"霜",这就是土壤中的盐结晶。人们把以钠盐为主要成分的土地叫作盐碱地,山东北部和河北东部的平原地区有不少这样的盐碱地。还有滨海地区,因用海水浇地或海水倒灌等原因,也有大片盐碱地。植物能在这样的土壤里生存,的确得有些与众不同之处,否则,根部吸收水分就会很困难。同时,盐分在体内积存多了也会影响细胞活性,会使植物被"毒"死。

木盐树就是利用"出汗"的方式把体内多余的盐分排出去的。它的表面密布着专门排放盐水的盐腺,盐水蒸腾后就会留下盐结晶。

瓣鳞花生长在我国甘肃和新疆一带的盐碱地上,它也会把从土壤中吸收到的过量的盐通过分泌盐水的方式排出体外。科学家为研究它的泌盐功能,做了一个小实验,把两株瓣鳞花分别栽在含盐和不含盐的土壤中。结果,无盐土壤中生长的瓣鳞花不流盐水,不产盐；含盐土壤中的瓣鳞花分泌出盐水，能产盐。所以，木盐树和瓣鳞花虽然从土壤中吸收了大量盐分，但它们能及时将其排出去，以保证自己不受盐害。新疆还有一种异叶杨，树皮、树杈和树窟窿里都有大量白色苏打——碳酸钠。

奇特的光棍树

在非洲的东部和南部，有一种奇异有趣的树。这种树无论春夏秋冬，总是秃秃的，全树上下看不到一片绿叶，只有许多绿色的圆棍状肉质枝条。根据它的奇特形态，人们给它起了个十分形象的名字——光棍树。

众所周知，叶子是绿色植物制造养分的重要器官。这个"绿色工厂"里的叶绿素在阳光的作用下，将叶面吸收的二氧化碳和根部输送来的水分，加工成植物生长所需要的各种养分。如果没有这个奇妙的"加工厂"，绝大多数绿色植物就难以生长存活。既然是这样，那为什么光棍树不长叶子呢？它靠什么来制造养分以维持生长呢？要想揭开这个谜，我们还是先来看看它的故乡的生活环境吧。

基础小知识

叶绿素

叶绿素是与光合作用有关的最重要的一类色素。光合作用是通过合成一些有机化合物将光能转变为化学能的过程。叶绿素实际上存在于所有能进行光合作用的生物体中，包括高等植物、蓝细菌和藻类。叶绿素从阳光中吸收能量，然后能量被用来将二氧化碳和水转变为有机化合物。

光棍树原产于东非和南非。那里的气候炎热、干旱少雨,蒸发量十分大。在这样严酷的自然条件下,为适应环境生存下去,原来有叶子的光棍树,经过长期的进化,叶子越来越小,而后逐渐消失,最终变成今天这副怪模样。光棍树没有了叶子,就可以减少体内水分的蒸发,避免了被旱死的危险。虽然没有绿叶,但光棍树的枝条里含有大量的叶绿素,能代替叶子进行光合作用,制造出供植物生长的养分,这样它就得以生存了。但是,如果把光棍树种植在温暖潮湿的地方,它不仅很容易生长繁殖,而且还可能会长出一些小叶片呢!这些为适应湿润环境生长出的小叶片可以增加水分的蒸发量,从而保持体内的水分平衡。

像光棍树这样的木本植物,世界上还有一些,如木麻黄、梭梭。它们也同光棍树一样,光有枝而无叶。

知识小链接

木本植物

木本植物指根和茎因增粗生长形成大量的木质部,而细胞壁也多数木质化的植物,是草本植物的对应词。地上部分为多年生,分乔木、灌木和半灌木。植物体木质部发达,茎坚硬。

分泌奶汁的树——奶树

在摩洛哥西部的平原上,有一种会给"子女"喂奶的树,它的原名叫蓬尹迪卡萨里尼特,意思是善良的母亲。

这位"慈母"有3米多高,树干赤褐色,叶片长而厚实,花球洁白而美丽。每当花球凋谢时,都会结出一个椭圆形的奶苞,在苞头的尖端长出一种椰条形状的奶管。奶苞成熟后,奶管里便会滴出黄褐色的"奶汁"来。

奶树是不用种子繁殖的,而是从树根上萌生出小奶树。因此,经常能看到大树的周围有许多丛生的幼树。大树的奶汁滴在这些小树狭长的叶面上,小树就靠"吮吸"大树的奶汁生长发育。当小奶树长大后,大奶树就自然从根部发生裂变,给小奶树"断奶",并脱离小奶树。这时,大奶树分离部分的树冠也随即开始凋萎,让小奶树接受阳光和雨露。

奶树是世界珍稀树种之一,由于它自身的繁殖力弱,已濒临灭绝的危险。现在,科学家正在研究保护奶树和育种繁殖奶树的办法。摩洛哥奶树分泌的奶汁不能食用,可是南美洲有一种奶树流出的汁液,却是一种富含营养成分的饮料。一些南美洲国家(如厄瓜多尔、委内瑞拉)的当地居民常把它栽在村庄附近,用小刀在它身上划开一道口子,它就会流出清香可口的"牛奶"来。

面条树

面条树因其果实为细条状而得名。不过，也不仅仅因为"长相"，面条树的果实富含淀粉，待成熟后，人们将其采摘晾晒，贮藏起来，食用时放在水里煮熟，捞出拌上佐料，吃起来味道与我们从超市买来的面条差不多。

面条树属热带多年生常绿大乔木，成材后高5～30米，树干修长笔直，木材特别适合做黑板，所以很多人也称它黑板树。此外，面条树枝叶错落，树冠优美，是很好的绿化树种，因此被许多国家和地区引进。每年4—5月开花，7月结果。花朵白色，内外被茸毛覆盖；蓇葖果成对，下垂，细长如豆角，长达十几厘米到几十厘米不等，也就是人们采摘下来的"面条"，可新鲜食用或晒干储存。

面条树的"面条"虽然好吃，但是如果不小心把树皮划破，流出的乳白色汁液却是有毒的！人们曾用其制作毒箭或其他抵御外敌和猎取猛兽的武器。另外，树皮内含有很多种生物碱和内酯类物质，如灯台碱、灯台泰因、黄酮苷等。中医将面条树的树皮入药，用以治疗支气管炎、百日咳、胃痛、腹泻、疟疾，外用治跌打损伤等。

● 面条树

自然的语言
——揭秘生物世界

知识小链接

生物碱

生物碱是存在于自然界（主要为植物，但有的也存在于动物）中的一类含氮的碱性有机化合物，有似碱的性质，所以过去又称为赝碱。大多数有复杂的环状结构，氮素多包含在环内，有显著的生物活性，是中草药中重要的有效成分之一。此外，它们具有光学活性。有些不含碱性而来源于植物的含氮有机化合物，有明显的生物活性，故仍包括在生物碱的范围内。

"酒树"：果实能醉倒一头大象

南非有一种名叫玛努力拉的树，它有着肥大的掌状叶片。这种树结出的果实味道甘醇，颇有米酒的风味，故名"酒树"。有趣的是，非洲象非常喜欢这种果实，但由于非洲象的胃内温度很适合酿酒酵母菌的生长，因而许多大象在暴食了这种"酒果"之后，往往会

基础小知识

酵母菌

酵母菌是一些单细胞真菌，是人类文明史上被应用得最早的微生物，可在缺氧环境中生存。根据酵母菌产生孢子（子囊孢子和担孢子）的能力，可将酵母菌分成三类：形成孢子的株系属于子囊菌、担子菌，不形成孢子但主要通过出芽生殖来繁殖的称为不完全真菌或者叫假酵母（类酵母）。目前已知大部分酵母被分类到子囊菌门。酵母菌主要生长在偏酸性的潮湿的含糖环境中，而在酿酒方面，它也十分重要。

大发酒疯：有的狂奔不已，横冲直撞；有的拔起大树，毁坏汽车；更多的则是东倒西歪，呼呼大睡。

另外，在非洲津巴布韦的怡希河西岸也生长着一种著名的"酒树"——休洛树。由于休洛树能常年分泌出一种香气扑鼻且含有强烈酒精气味的液体，当地人常把这种液体当作天然的美酒饮用。每当贵客来访时，主人便将他带到休洛树林里，在休洛树的树干上割一个小口，然后接一杯流淌出来的美酒敬献给客人。

威力无穷的"炸弹树"

在南美洲亚马孙河流域生长着一种树，这种树分泌出的汁液竟然可以用作汽车燃料。这种树非常粗壮，树干周长可达1米。当地的印第安人只要在树上钻些小孔，就可以

广角镜

·烃类化合物·

烃类化合物是碳与氢原子所构成的化合物，主要包含烷烃、环烷烃、烯烃、炔烃、芳香烃。烃类化合物均不溶于水，衍生物众多。

从每棵树上收取15~20升的汁液。经科学家分析，这种汁液里含有大量的烃类化合物。如果有人拿着火把走近这些树的话，这种树可就真的变成了一枚炸弹。

美洲还有一种名副其实的炸弹树——铁西瓜。这种树的果实如柚子般大小，果皮坚硬。果实成熟时会自动爆裂开，锋利的"碎片"四处飞射，威力如一颗小型手榴弹，杀伤力很强大。有些外壳碎片甚至能飞出20多米远。爆炸后经常会在附近发现被炸死的鸟类尸体。由于这种树过于危险，人们都不敢把房屋建在它的附近，过路

自然的语言
——揭秘生物世界

的行人也不敢靠近它。

夜间可以供人们在树下看书的"发光树"

在非洲北部有一种树,白天它与普通树没什么区别,但每到晚上,这种树从树干到树枝通体都会发出明亮的光。由于这种树能够发出强烈的光,当地居民经常把它移植到自家的门前作为路灯使用。夜间,人们不但可以在树下看书,甚至还可以在树下做针线活。据科学家解释,这种树之所以会发光,是因为其树根特别喜欢吸收土壤中的磷,这种磷会在树体内转化成磷化氢,而磷化氢一遇到氧气就容易自燃,从而使得树身磷光闪烁。

▲ 灯笼树

在我国中部一带生长着一种杜鹃花科的落叶灌木——灯笼树,它只有2~6米高。每当夏日,它的枝端两侧便挂着十几朵肉红色的酷似钟形的花朵,所以又称为吊钟花。灯笼树的果实在10月里成熟,呈椭圆形,颜色为棕色。每逢晴天的夜晚,它就会发出点点荧光,恰似高悬着的千万盏小灯笼,为过往行人照明指路。

为什么灯笼树会发光呢?因为灯笼树吸收土壤里的磷质的本领很强,这些磷质分布在树叶上,放出少量磷化氢气体。这些气体燃点低,在空气中能自燃,会发出淡蓝色火焰——温度很低的冷光。

在晴朗无风的夜晚，这些冷光聚集起来，恰似山间的一盏盏路灯，灯笼树因此而得名。

在自然界中，陆地上能发光的植物并不多，大部分都是海洋植物。现在人类受灯笼树发光机制的启发，运用科学技术，已经可以复制出这种会发光的自然奇观了。由于植物具有生态适应性以及胁迫可诱导性，人们采用循序渐进的方法，对植物进行生理的适应性诱导，根据植物在临界环境压力下可实现自身生理潜能的诱导原理，采用浸泡或静电喷雾的方法，使植株表面充分而均匀地吸收附着荧光素，便可以达到良好的物理发光效果。

> **广角镜**
>
> · 荧光素 ·
>
> 荧光素是具有光致荧光特性的染料。荧光染料种类很多，目前常用于标记抗体的荧光素有以下几种：异硫氰酸荧光素、四乙基罗丹明、四甲基异硫氰酸罗丹明以及藻红蛋白。

样子奇特的纺锤树

纺锤树生长在南美洲的巴西高原上，是一种身材高大、体形别致的树木。远远望去很像一个个巨型的纺锤插在土里。纺锤树高约30米，两头尖细，中间膨大，最粗的地方直径可达5米，里面贮水约有2吨。雨季时，它吸收大量水分，贮存起来，到旱季时再供自己消耗。

到了雨季，高高的树顶上生出稀疏的枝条和心脏形的叶片，好像一个大萝卜。雨季过后，旱季来临，绿叶纷纷凋零，红花却纷纷开放，这时，纺锤树又好像成了插有红花的特大花瓶，所以人们又称它为瓶子树。

自然的语言
——揭秘生物世界

纺锤树之所以长成这种奇特的模样，跟它生活的环境是分不开的。巴西北部的亚马孙河流域，炎热多雨，为热带雨林区；南部和东部，一年之中旱季较长，气候干旱，土壤非常干燥，为稀树草原带。处在热带雨林和稀树草原之间的地带，一年里既有雨季，也有旱季，但是雨季较短，在非常干旱的环境中，不能适应的植物都被大自然淘汰了。纺锤树为了与这个特定的环境相适应，只好减少体内水分的蒸发与流失，选择在旱季落叶并在雨季萌发出稀少的新叶。在雨季到来以后，利用发达的根系尽量地吸收水分，贮水备用。一般一棵大树可以贮水 2 吨之多，犹如一座绿色的水塔，因此，它在漫长的旱季中也不会干枯而死。

▲ 纺锤树

纺锤树和旅人蕉一样，可以为荒漠上的旅行者提供水源。人们只要在树上挖个小孔，清爽解渴的"饮料"便可源源不断地流出来，解决缺水之急。

全天然有机"牙刷"——牙刷树

牙刷是人们日常生活不可或缺的生活必需品。第一支猪鬃牙刷，是中国人于 1498 年发明的，那是明孝宗时期。不过，用于清洁牙齿的鬃毛是绑在竹子或骨头上的，形状和现在的牙刷一样。

牙刷树是生长在非洲西部热带森林里的一种名叫阿洛的树。如果将这种树的树干或枝条锯下来，削成牙刷柄长短的木片，用来刷牙，能将牙齿刷得雪白。木片放进嘴里后，很快会被唾液浸湿，这时顶端的纤维马上散裂开来，摇身一变，成了牙刷上的"鬃毛"，因此人们称这种树为"牙刷树"。

牙刷树的树枝的纤维很柔软，又富有弹性。人们只要将树枝稍稍加工，就可以做成理想的天然牙刷。用它刷牙，不必使用牙膏也会满口泡沫，因为树枝里含有大量的皂质和薄荷油，不仅牙被刷得干净，而且清凉爽口，感觉舒适，齿颊留香。

基础小知识

薄　荷

薄荷，俗称"银丹草"，多生于山野湿地等处，根茎横生地下。茎、叶芳香；叶对生；花小，为淡紫色，呈唇形，花后结卵形小坚果。薄荷是常用的中药之一。

不仅如此，牙刷树还具有重要的药用功效。牙刷树的根的提取物有很强的抗噬菌作用，对口腔卫生也有益。叶子可以用来治疗胃胀气、消化不良等。

仅剩一株的树

享有"海天佛国"盛名的普陀山，不仅以众多的古刹闻名于世，而且是古树名木的荟萃之地。

在普陀山慧济寺西侧的山坡上生长着一株名叫普陀鹅耳枥的树。

自然的语言
——揭秘生物世界

在整个地球上，目前只剩下这一株野生的普陀鹅耳枥，可见它有多么珍贵，因此被列为国家重点保护植物。

普陀鹅耳枥是1930年5月由我国著名植物学家钟观光教授首次在普陀山发现的，后由林学家郑万钧教授于1932年正式命名。据说，在20世纪50年代以前，该树种在普陀山上并不少见，可惜其他树渐渐死于非命，只留下这一株。遗存的这株"珍树"高约14米，胸径约60厘米，树皮灰色，叶大呈暗绿色，树冠微扁。它虽历尽沧桑，却依然枝繁叶茂，挺拔秀丽，为普陀山增光添色。

△ 普陀鹅耳枥

奇妙的陆地动物

QIMIAO DE LUDI DONGWU

> 生物圈的探秘旅行抵达陆地站了,一起去看看陆地上生活着哪些奇妙的动物吧,它们有哪些令人吃惊的本领呢?想想这些问题:响尾蛇的尾巴为什么会发出响声?岩大袋鼠为什么可以数周甚至数月不喝水?猴子为什么会用自己的尿洗手、洗脚呢?浣熊真的那么爱"干净"吗?一起去了解这些奇妙的动物吧。

响尾蛇的"热眼"

茫茫黑夜,万籁俱寂。一只田鼠贼头贼脑地从洞口探出头来,发现没有什么危险,于是它两条后腿一蹬,跳到洞外。说时迟,那时快,只见一道黑色"闪电"袭来,田鼠还没弄明白是怎么回事,就已经被"闪电"吞进肚子里。这"闪电"就是一条响尾蛇。

响尾蛇是怎样发现田鼠的呢?

原来响尾蛇是靠自己的"热感应器"来发现田鼠的。田鼠、小鸟和青蛙等小动物都会散发出一定的热量,只要有热量,便会产生

自然的语言
——揭秘生物世界

一种人眼看不见的光线——红外线,热量不断,这种红外线就不停地向四面八方辐射出去。蛇的热感应器接收到这些红外线之后,就可以判断出这些小动物的位置,一举把它们捕获。人们把蛇的热感应器叫作"热眼"。

响尾蛇的"热眼"长在眼睛和鼻孔之间叫颊窝的地方。颊窝一般深5毫米,只有一粒米那么长。这个颊窝呈喇叭形,喇叭口斜向朝前,被一片薄膜分成内外两个部分,里面的部分有一根细管与外界相通,所以里面的温度和

> **你知道吗**
> ·红外线·
> 在光谱中波长自0.76～400微米的一段称为红外线,红外线是不可见光线。所有高于绝对零度(-273.15℃)的物质都可以产生红外线。现代物理学称之为热射线。医用红外线可分为两类:近红外线与远红外线。

蛇所在的环境的温度是一样的,而外面的部分却是一个热收集器,喇叭口所对的方向如果有热的物体,红外线就经过喇叭口照射到薄膜的外侧。显然,这要比薄膜内侧的温度高,布满薄膜的神经末梢就感觉到了温差,并产生生物电流,传给蛇的大脑。蛇知道了前方什么位置有热的物体,大脑就发出相应的"命令",去捕捉这个物体。

实验告诉我们,蛇的"热眼"对波长为0.01毫米的红外线的反应最灵敏、最强烈,而田鼠等小动物身体发出的红外线的波长正好在0.01毫米左右,所以蛇很容易发现和逮住它们,哪怕在伸手不见五指的黑夜。

响尾蛇还有一个奇异的特性,它会剧烈摇动自己的尾巴,发出"嘎啦嘎啦"的声音。响尾蛇利用这种声音引诱小动物靠近,以便捕捉它们,或者以此威吓敌人。

响尾蛇的尾巴为什么会发出响声呢?

原来，响尾蛇尾巴的末端长着一种角质链状环，围成了一个空腔，角质膜又把空腔隔成两个环状空泡，仿佛是两个空气振荡器。当响尾蛇不断摇动尾巴的时候，空泡内形成了一股气流，一进一出地来回振荡，空泡就发出了"嘎啦嘎啦"的声音。

基础小知识

角质膜

由脂肪性物质（角质）所组成的覆盖膜层称为角质膜，它主要分为角质层和角化层。角质层位于外部，含角质和蜡质；角化层位于内部，含角质、纤维素。角质主要由 16～18 个碳的 1，2，3-羟基脂肪酸，通过酯链和醚链联结的脂肪性物质所组成。蜡质则由高碳脂肪酸和高碳一元脂肪醇构成的酯所组成。

为什么猴子会用它们的尿洗手、洗脚

猴子用它们的尿洗手、洗脚听起来可能很奇怪，但现实的确如此。通过长期的观察研究，研究者们在一定程度上分析出了猴子用尿洗自己的手、脚的原因。自从猴子的这一举动被人们注意到后，便产生了很多针对这一现象的解释。有人认为这样做可以帮助猴子更好地抓握树枝，有人则认为这只是猴子用来清洗自己的一种方式。曾经有一种得到广泛认同的说法：当猴子的体温升高时，它们用尿来使自己的体温降下来。但是，新的研究认为，猴子的这一奇怪举动可能只是它们社交的一种方式。

美国马里兰州的国立卫生研究院动物中心灵长类动物学家金蓝·米勒和她的同事们，在一个封闭的环境中观察了猴子 10 个月的时间，发现猴子用尿洗手、洗脚的行为跟它们吸引异性的注意有关。

自然的语言
——揭秘生物世界

当雄性猴子被雌性猴子所关注时,雄性猴子用尿洗手、洗脚的行为的频率会增加。研究者认为,这可能是雄性鼓励雌性继续关注它们的方式。

北极狐的趣闻

北极狐可以说是北极草原上真正的主人,它们不仅世世代代居住在这里,而且除了人类之外,几乎没有什么天敌。因此,在外界的毛皮商人到达北极之前,狐狸们的生活是自由自在、无忧无虑的。它们虽然无力向驯鹿那样的大型食草动物发起进攻,但捕捉小鸟、捡食鸟蛋、追捕兔子或者在海边上捞取软体动物充饥都能干得得心应手。到了秋天,它们也能换换口味,到草丛中寻找一点浆果吃,以补充身体所必需的维生素。

> **拓展阅读**
>
> **·北极·**
>
> 北极是指地球自转轴的北端,也就是北纬90°的那一点。北极地区是指北极圈以北的地区。北极地区的气候终年寒冷。北极有极昼与极夜现象,越接近极点越明显。

旅鼠是狐狸的主要食物来源。当北极狐遇到旅鼠时,便会极其生

> **基础小知识**
>
> **维生素**
>
> 物的生长和代谢所必需的微量有机物,分为脂溶性维生素和水溶性维生素两类。前者包括维生素A、维生素D、维生素E、维生素K等,后者包括维生素B和维生素C。人和动物缺乏维生素时不能正常生长,并发生特异性病变,即所谓维生素缺乏症。

准确地跳起来，然后向旅鼠猛扑过去，将其按在地上吞食掉。有意思的是，当北极狐闻到窝里的旅鼠气味和听到旅鼠的尖叫声时，它们会迅速地挖掘位于雪下面的旅鼠窝，等到扒得差不多时，北极狐会突然高高跳起，借着跃起的力量，用腿将雪做的鼠窝压塌，将一窝旅鼠一网打尽，然后逐个吃掉。

北极狐的数量是随旅鼠数量的波动而波动的，通常情况下，旅鼠大量死亡的低峰年，正是北极狐数量的高峰年，为了生计，北极狐开始远走他乡。这时候，狐群会莫名其妙地流行一种疾病——疯舞病。这种病是由病毒侵入神经系统所致，得病的北极狐会变得异常激动和兴奋，往往控制不住自己，到处乱闯乱撞，甚至敢进攻路过的狗和狼。得病的北极狐大多在第一年冬季就会死掉。

针鼹的防御本领

针鼹分布于巴布亚新几内亚、澳大利亚等地，体长为40~60厘米。它的身体背部布满长短不一、中空的针刺，外形粗看好似一只刺猬，体表还长有褐色或黑色的毛，腹部的毛短而柔软，颜色较淡，尾巴极短，眼睛和耳朵都很小，但具有发达的外耳壳。头部为灰白色，前部有一个坚硬无毛的喙，呈圆筒状，并且向下弯曲，鼻孔和嘴都位于喙的前端，嘴只是一个小孔，没有牙齿，没有尾巴，爪坚硬而锐利，雄鼹的后足内侧生有距。但事实上，针鼹与刺猬是迥然不同的动物，在亲缘关系上相距甚远。刺猬是食虫类哺乳动物，针鼹却是鸭嘴兽的近亲，与鸭嘴兽同属于哺乳动物中的单孔类，消化道、排泄道与生殖道均开口于身体后部的泄殖腔内，所以也是一种原始、低等的奇异哺乳动物。

> **基础小知识**
>
> ### 泄殖腔
>
> 泄殖腔也叫共泄腔,是动物的消化管、输尿管和生殖管末端汇合处的空腔,有排粪、排尿和生殖等功能。蛔虫、轮虫、部分软骨鱼及两栖类动物、单孔类哺乳动物、鸟类和爬行类动物都具有这种器官,而圆口类动物、全头类动物(银鲛)、硬骨鱼和有胎盘哺乳类动物则是肠管单独以肛门开口于体外,排泄与生殖管道汇入泄殖窦,以泄殖孔开口于体外。

针鼹是夜行动物,栖息于灌丛、草原、疏林和多石的半荒漠地区,白天隐藏在洞穴中,晚上出来捕食。它虽然和刺猬一样浑身长满长短不一、中空的针刺,但是它的抗敌本领要比刺猬高明得多。

针鼹身上的针刺十分锐利,且长有倒钩。一旦遇到敌害,针鼹就会背对敌人。它的针刺能脱离身体,刺入来犯者的体内,一段时间以后,脱落处又会长出新的针刺。

针鼹还有两个绝招。一个是受到惊吓时,它会像刺猬那样,迅速地把身体蜷缩成球形,使敌人看到的只是一个没头没脑的"刺毛团",很难下手。另一个是它的四肢短而有力,有5趾或3趾,趾尖是锐利的钩爪,能快速挖土,然后将身体埋入地下,或者钩住树根,或者落入岩石缝中,使敌人无法吃到它。

鼩鼱的奇妙生活

鼩鼱分布于欧洲西部、俄罗斯以及我国西北、东北、长江中下游等地。它的外形有点像老鼠,但鼻子略长,嘴尖一点。小小的眼睛能顾盼到两侧和后面。耳朵小而圆,吻部尖细而能伸缩,牙齿赤色,齿式也不同于鼠类。体毛主要为褐色,腹面呈白色。

鼩鼱栖息于森林、灌丛等地带,主要在地下穴居生活。它不像老鼠那样偷吃食物、咬坏东西、传染疾病,它专门以昆虫等为食,而且多数是吃金龟子的幼虫蛴螬等害虫。虽然鼩鼱偶尔也吃些植物的种子,但是相比之下,鼩鼱益多害少,是有益的动物。

鼩鼱的体长仅4~6厘米,尾长4~5厘米,体重3~5克。不过千万不要小看鼩鼱,它的胃口可大哩。它一天到晚总是不停地吃,每天至少得吞进同自己体重一样重的食物。如果食物丰富,它甚至一天能吃下相当于自己体重3倍的食物,真是一个名副其实的"大肚汉"。

鼩鼱的腭下长有唾液腺,能分泌出一种毒液。如果人去捕捉它,不小心被咬上一口,手臂就会发热肿大,引起剧痛,几天后症状才能消失。鼩鼱也是用这种武器来捕猎的,小动物若被它咬伤,顿时便会失去知觉,不能动弹。

> **拓展阅读**
>
> **·唾液腺·**
>
> 唾液腺是人或脊椎动物口腔内分泌唾液的腺体。人或哺乳动物口腔内有大小两种唾液腺。三对较大的唾液腺,即腮腺、下颌下腺和舌下腺,另外还有许多小的唾液腺,如唇腺、颊腺、腭腺、舌腺。

鼩鼱成熟得快,生命也短促,寿命仅有14~15个月。雄性鼩鼱在"求爱"时,总是在洞口兴奋地鸣叫,雌性鼩鼱如果不愿意,就发出嘶叫,示意它快快走开;如果雄性鼩鼱还是喋喋不休,纠缠不去,那雌性鼩鼱就改用尖叫来下"逐客令"。

雌性鼩鼱的孕期为24或25天,每年产1胎或2胎,每胎产4~8只崽。幼崽们长大后,雌性鼩鼱常带着它们排成一列纵队,相互衔着尾巴，穿过原野，去寻觅食物。其中，蚯蚓是它们在早期最容易获得的佳肴。

如果鼩鼱遇到敌害，一时逃遁不了，就装模作样起来。它们会立即将背隆起，不断磨牙以发出尖锐的吱吱声。有时索性躺倒在地，伸出四脚，边踢边舞，并发出断续的叫声，以便吓退敌害或者请求救援。

鼩鼱等食虫类动物似乎都是一些"不起眼"的小动物，但在哺乳动物的进化史上却起了非常重要的作用。它们在中生代白垩纪地层中就已出现，是有胎盘类哺乳动物中最原始和最古老的一支，在兽类的进化史中起着举足轻重的作用，是一些比较高级的哺乳动物类群的祖先。特别是世界上种类和数量最多的啮齿目动物和能在空中飞行的蝙蝠等翼手目动物等，都是先后从早期的食虫类直接分化出来的。

广角镜

·翼手目·

翼手目是哺乳动物中仅次于啮齿目动物的第二大类群，除极地和大洋中的一些岛屿外，遍布于全世界。翼手目动物的四肢和尾之间覆盖着薄而坚韧的皮质膜，可以像鸟一样鼓翼飞行，这一点是其他任何哺乳动物所不具备的。为了适应飞行生活，翼手目动物进化出了一些其他类群所不具备的特征，这些特征包括特化伸长的指骨和连接其间的皮质翼膜，前肢拇指和后肢各趾均具爪可以抓握。

岩大袋鼠为什么数周甚至数月不喝水

岩大袋鼠分布于澳大利亚东部、西部和北部多岩石的干旱的丘陵地区。多在早晨和黄昏活动，善于跳跃，以树叶、草类等为食，还经常吃一些较硬的多刺植物。它们的体毛呈赤褐色，体长90~120厘米，尾长70~90厘米，体重60~70千克，头小，面部较长，眼大，耳长，前肢短小，后肢较粗，尾粗长而有力。

在炎热的季节，气温升到31.5℃以上时，岩大袋鼠如同狗一样，开始不断地张嘴喘气，竭力降低自己的体温。另外，它们还用舌头舔自己的"手"和胸部，有时还舔后腿，这是因为唾液蒸发时吸热，可降低体温。

有的袋鼠会掘井，深可达1米。这样，不仅它们可以靠井水活命，其他一些不会挖井的动物，如野鸽、玫瑰鹦鹉、袋貂以及鸸鹋等，也常常来井边喝水解渴。

然而，岩大袋鼠并不想用这种技能。它们不掘井，也从不去那里喝水，甚至气温高达46℃时，岩大袋鼠也不去饮水。岩大袋鼠几周甚至几个月不喝水也能生活，这是为什么呢？

在天气最热的时候，岩大袋鼠便躲藏到凉爽的山洞里或花岗岩的岩棚下，以此来保存体内的水分。因为在这些地方，气温从不会高于32℃。

知识小链接

花岗岩

花岗岩是岩浆在地表以下冷却凝固形成的火成岩，主要成分是长石、石英和云母。因为花岗岩是深层侵入岩，常能形成发育良好、肉眼可辨的矿物颗粒，因而得名。花岗岩不易风化，颜色美观，外观色泽可保持百年以上，由于其硬度高、耐磨损，除了用于建筑工程外，还是室外雕塑的首选之材。

可是，这些古怪的岩大袋鼠为什么不经常去喝水呢？有时，掘好的水井就在距离它们很近的地方。原来，喝了水会使它们的身体失去很多氮，大大地降低它们吞吃的食物的营养，因为作为蛋白质主要成分的氮是半荒漠地区最缺乏的物质。

无处不在的帚尾袋貂

帚尾袋貂分布于澳大利亚。从澳大利亚大陆逐渐被开发以后，帚尾袋貂是最快适应并能和人类和谐相处的一种有袋类动物。

帚尾袋貂吻部略尖，耳圆，体毛主要为黑灰色，前脚有分趾，带大钩爪，在跳跃和抓住树枝时可以灵活地分开5个趾头，从不同角度稳住自己。虽然尾毛厚密如刷子，但长长的尾巴具有缠绕性，帚尾袋貂常用它缠住树枝，以腾出前肢来抓食物。澳大利亚城市里很多地方都有它们的身影，更不用说在乡间的树林里了。它们常常引来路人围观，并给它们喂食薯条和面包。尤其是在夏夜的黄昏后，成群的帚尾袋貂爬下树来，站在路边引颈张望，等候游客前来，这成为很多市区的一景。

在城市里，为防止帚尾袋貂啃咬树林、打洞藏身，人们要用铁皮把树身包围起来，不让它们爬上去。悉尼市中的海德公园，四周办公大楼林立，在一片小小的绿地上，有人统计，居然有上百只帚尾袋貂。

帚尾袋貂以植物果实、叶、芽等为食。事实上，它们待人和善。在澳大利亚，不论在国家公园还是自己家的小花园，只要在树林中，不论是桉树上、榆树上还是橡树上，黄昏过后，就会看到帚尾袋貂在上面跳来跳去。此外，马路边的垃圾箱也是它们光顾的场所。它们吃食时后腿站立，尾巴支地成为三角支架，然后前肢如人的手一样掰开汉堡包的纸袋一小口一小口地嚼着，慢条斯理，悠闲极了。如果哪位居民每天放些面包之类的食物在自己家的树下，每天黄昏时，就可以一边观赏南半球的落日美景，一边观赏帚尾袋貂的聚餐活动。

山羊的瞳孔是矩形的

动物的瞳孔形状由玻璃体的光学特性、视网膜的形状和敏感度以及物种的生存环境和需要决定。有些人会把山羊的瞳孔想象成圆的，因为他们看到的大部分眼睛的瞳孔都是圆的，就像我们人类的一样。但山羊的瞳孔扩大时形状接近矩形，其实大多数蹄趾类动物的瞳孔都近似矩形。

矩形状的瞳孔使山羊的视野范围在320~340度（人类的视野范围在160~210度），这意味着它们不用转动头就几乎能看到周围的一切物体。有矩形眼睛的动物，瞳孔更大，在夜晚能够看得更清楚，白天睡觉时由于眼睛闭得更紧，能够更好地避光。

刺猬的武器

刺猬是一种奇特的小动物，又名刺团、猬鼠、偷瓜獾等。它们的体长22~26厘米，头宽嘴尖，头顶部棘刺细而短，耳较短。尾巴也短，长度仅2~5厘米。背上有粗而硬的棘刺，棘刺的颜色有两种：一种是基部白色或土黄色，而尖端呈灰色；另一种是基部白色而尖端呈棕色。其腹部、腿部长有灰白色绒毛。

刺猬在我国分布很广，在东北、华北至长江中下游地区都能见到它们的踪迹。此外，在欧洲也经常看到它们的身影。

刺猬体形肥矮，四肢短小，爪子弯而锐利，适宜挖土。眼睛和

自然的语言
——揭秘生物世界

耳朵都很小,有独特的长脸和不断抽动的鼻子。它们平时在地上爬行觅食,一旦遇到敌害,就立即将头、尾、脚都包裹在中间,全身的棘刺一起朝外,成为密布尖刺的肉球,形成最有效的防卫武器,使敌人无从下口。

一只成年的刺猬,身上大约有 5000 根棘刺。随着它不断成长,其背上的刺也不断增多,以保持一定的密度,所以一只体形特大的刺猬,身上的刺可达 7000～8000 根之多。

那锐利的刺是刺猬防御敌害的"公开武器"。鲜为人知的是,刺猬还有一种"秘密武器"。每当它们遇到毒蟾蜍的时候,就立即咬住其耳周腺,用嘴吸取毒汁,然后将毒汁涂抹在自己的背刺上或者咬住毒蟾蜍,将毒蟾蜍皮肤上的毒液涂擦在背刺上。有了这样的"秘密武器",刺猬就可以更加有效地保护自己了。

富有牺牲精神的动物——斑马

> ▶ 拓展阅读
>
> ·昏睡病·
>
> 昏睡病是一种叫作锥虫的寄生虫感染造成的疾病,流行于非洲中部。14 世纪,马里国王就染上了这种疾病,昏睡大约两年后死亡。这是较早的昏睡病例。几个世纪后,西方殖民者把贸易拓展到非洲西部时,又发现了这种怪病。后来,探险者们发现当地一种名为舌蝇的虫子和这种疾病之间的联系,把它叫作苍蝇病。

斑马与马同属哺乳纲奇蹄目马科。与马不同的是,斑马身上有黑褐色与白色相间的光滑条纹,在阳光照射下,显得格外美丽,因此得名"斑马"。

斑马身上这些条纹不仅漂亮,而且与周围环境相适应,能起到很好的保护作用。原来,在斑马生活的非洲半草原半疏林地带,舌蝇是传染昏睡病的媒介,它们常常叮咬单体色的动物。据动物学家们推测,斑马背上的条纹,能够预防舌蝇叮咬。原因是舌蝇从远处看斑马就像一个淡灰色的斑点,可临近一看,突然跃入眼帘的是清晰条纹。色彩对比强烈的黑白条纹把舌蝇弄得眼花缭乱,从而分散或削弱了它们的注意力。

斑马还是一种富于牺牲精神的动物。成群结队的斑马在觅食时,一旦遇上非洲狮,便立刻簇拥着小斑马奔逃。当狮子即将追上时,会有一匹壮马骤然放慢脚步,昂首立鬃,向着飞驰而过的同伴凄厉地叫一声,然后横身倒下,牺牲自己,以保护整个斑马群。

"爱干净"的浣熊

美洲有一种动物叫浣熊。它们全身灰褐色,有一条带有四五圈黄色环纹的毛茸茸的长尾巴。它们长着一双好像隐藏在黑色蒙面罩中的小眼睛和两只小耳朵,猛一看很像小熊猫。

浣熊的个子很小,体长76~91厘米,重7~13千克。它们白天在树上休息,到天黑时才下树,巡视自己霸占的领地。有时,它们成群结队穿越森林,去猎取树上的鬣蜥。浣熊很机智,它们分成两队,一队爬上树,把正在睡觉的鬣蜥吓醒,等鬣蜥被吓得跌落到地上时,就被另一队浣熊逮住了。

◆ 可爱的浣熊

有趣的是,它们每次逮到虾、蛤、鱼或青蛙等猎物时,从不张嘴就吃，总是用前爪抓住，在水里洗来洗去，或者边洗边吃。吃的时候，还不停地洗手。由于它们有洗食的习惯，人们就称它们为浣熊。"浣"是洗的意思，浣熊的名字就是这样来的。

浣熊为什么要洗食物呢？是真的爱干净吗？有的人认为，这是出于浣熊本能的一种习性，如同狗有往土里埋食物的习性、伯劳有往树枝棘刺上串挂小动物的习性一样，这些习性是祖祖辈辈遗传下来的。也有的人认为，这是浣熊十分喜欢清洁才这样做的。人们仔细观察后发现，浣熊并不像人们想象的那样见水就洗，它们浣洗的水往往是泥水，而且比它们手中的食物还要脏。其实，浣熊并不是因为爱干净而浣洗的。人们对此作了新的解释：浣熊洗食是因为它们喜欢玩味水中的食物，这样吃起来更有滋味。

认识藏羚羊

藏羚羊是我国青藏高原特有的动物和国家一级保护动物，也是列入《濒危野生动植物种国际贸易公约》中严禁进行贸易活动的濒危动物。

藏羚羊一般体长约120厘米，肩高80厘米，体重45～60千克。形体健壮，头形宽长，吻部粗壮。雄性角长而直，乌黑发亮，雌性无角。鼻部宽阔略隆起，尾短，四肢强健而匀称。全身除脸颊、四肢下部以及尾外，其余各处绒毛丰厚密实，通体呈淡褐色。

◐ 藏羚羊

基础小知识

苔藓

苔藓植物是一种小型的绿色植物，结构简单，仅包含茎和叶两部分，有时只有扁平的叶状体，没有真正的根和维管束。苔藓植物喜欢阴暗潮湿的环境，一般生长在裸露的石壁上或潮湿的森林和沼泽地。

它们栖息在海拔4000~5000米的高原荒漠、冰原冻土及湖泊沼泽地带，如藏北羌塘、青海可可西里以及新疆阿尔金山一带令人类望而生畏的"生命禁区"。此外，藏羚羊特别喜欢在有水源的草滩上活动。虽然这些地方植被稀疏，只能生长针茅草、苔藓和地衣之类的低等植物，但这些却是藏羚羊赖以生存的美味佳肴。这些地方湖泊虽多，但绝大部分是咸水湖。藏羚羊是偶蹄类动物中的佼佼者，不仅体形优美、动作敏捷，而且耐高寒、抗缺氧。在生存环境十分恶劣的地方，时时闪现着藏羚羊腾越的矫健身姿，它们真是生命力极其顽强的生灵！它们生性怯懦机警，极难接近。听觉和视觉发达，常出没在人迹罕至的地方，有长距离迁移的现象。平时雌雄分群活动，一般2~6只或10余只结成小群，或数百只以上结成大群。食物以禾本科和莎草科植物为主。

广角镜

·偶蹄类·

始新世早期，一种称为古偶蹄兽的小动物从踝节类中分化出来，它的距骨除了有类似于奇蹄类那样的近端呈滑车状之外，远端也呈滑车状而不再是平面。正是这种"双滑车"的距骨奠定了一种进步的有蹄类——偶蹄类的基础。在此后的岁月里，偶蹄类分化出了古齿亚目、弯齿亚目、猪亚目、骈足亚目和反刍亚目五大类群的庞大家族。

发情期为冬末春初，雄性间有激烈的争雌现象，1只雄羊可带领几只雌羊组成一个家庭，6～8月产崽，每胎1崽。

身披"铠甲"的动物——穿山甲

在我国南方丘陵山麓的林区，生活着一种善于掘洞而居的动物。这种动物挖洞之迅速犹如具有"穿山之术"，它的外表又会使人联想到龙或麒麟等古代神话中的动物，除了脸部和腹部之外，全身披着500～600块呈覆瓦状排列的、像鱼鳞一般的硬角质厚甲片，不仅外观很像古代士兵的铠甲，而且硬度更是超过了铠甲，牙齿锋利的野兽也奈何不得，因而被称为穿山甲。

穿山甲属于夜行性动物，白天蜷缩于地洞里，夜晚外出觅食。它性情温顺、懦弱，胆子很小，由于"铠甲"在它的生活中起的作用太大了，所以不管遇到什么情况，它总是把整个身子缩成一团，用宽宽的尾巴包住头部，形成球状，一动也不动，而且还会从肛门中喷射出一股含有臭味的液体，使捕食它的动物无从下手，只得悻悻而去。

◎ 穿山甲

穿山甲的头为圆锥状，上面长着一对小眼睛，一对瓣状而下垂的小耳朵和一个像笔管一样尖尖的、张不大的嘴巴。与个体大小差不多的其他哺乳动物相比，它的脑容量要小得多，但舌头的长度可达

30 多厘米，超过身体长度的 1/2，能伸出来的部分也有 10 余厘米，前扁后圆，柔软而能灵活地伸缩，非常适合舔食蚂蚁。在它的舌头上还分泌 pH 值为 9～10 的碱性黏液，可以中和食物中的蚁酸和适应栖息地的酸性土壤。

穿山甲往往选择坡度为 30～40 度的山坡筑造洞穴，很少在较为陡峭的地方，也不在平地上筑洞。它的力气很大，如果人们在洞口抓住它的尾巴，三四个人也难把它从洞里拉出来。它更是挖洞的能手，挖洞的深度和速度都十分惊人，一天可以挖一条 5 米深、10 余米长的隧道。穿山甲的洞穴一般为盲洞，只有一个洞口，挖洞时用粗大的尾巴钉住后方的地面，用前肢上的利爪挖土并推向后方，再用后肢把刨出的土向后推出。有时它先用前爪把土掘松，身子再进去，然后竖立起全身的鳞片，形成许多"小铲子"，身体一边向后倒退，一边把挖松的土铲下，推到洞外。前进时，则将全身的鳞片闭合，又形成许多把瓦工的"抹子"，将洞顶刮抹得平滑而坚固。有人计算过，穿山甲每小时可以挖土 64 立方厘米，所挖出的泥土的重量相当于它的体重。为了适应洞穴里氧气不足的环境，穿山甲的耗氧量大大小于其他哺乳动物。

穿山甲的食量很大，一只成年穿山甲的胃，最多可以容纳 500

你知道吗

·蚁酸·

蚁酸，即甲酸。蚂蚁和蜜蜂的分泌物中都含有蚁酸。当初，人们蒸馏蚂蚁时制得蚁酸，故有此名。蚁酸无色而有刺激性气味，且有腐蚀性，人类皮肤接触后会起泡红肿。它的熔点为 8.4℃，沸点为 100.8℃。由于蚁酸的结构特殊，它的一个氢原子和羧基直接相连，也可看作是一个羟基甲醛，因此蚁酸同时具有酸和醛的性质。在化学工业中，蚁酸被用于橡胶、医药、染料、皮革工业。

克白蚁。据科学家观察，在约17万平方米的林地中，只要有一只成年穿山甲，白蚁就不会对森林造成危害，可见穿山甲在保护森林、堤坝，维护生态平衡、人类健康等方面都有很大的作用。

基础小知识

·白　蚁·

白蚁亦称螱，俗称大水蚁（因为通常在下雨前出现而得此名）。白蚁是等翅目昆虫的总称，已知有3000多种。白蚁为不完全变态的渐变态类，而且是社会性昆虫，每个白蚁巢内的白蚁可达百万只以上。

探索水中生物

TANSUO SHUIZHONG SHENGWU

> 水，孕育着千姿百态的生命。海洋、湖泊和河流，这些生命的舞台，是无数水生生物的家园。从微小的浮游生物到庞大的鲸鱼，从淡水到深海，水生生物的世界是如此丰富多彩。让我们一起走进这个神秘的世界，探寻水生生物的奥秘。我们将一睹它们在水中舞动的身姿，感受它们的活力与美丽。这不仅是对生命的赞颂，更是对自然之美的体验。通过了解水生生物的世界，我们将更深入地认识生命的多样性和奇妙之处。

鲸类王国里的"方言"

人类由于居住的地域环境不同，会形成各种各样不同的方言。那么生活在海洋中的动物有没有方言呢？科学家们发现，海洋动物（尤其是鲸类）不仅像人类一样有"语言"，而且也有不同的"方言"。

在鲸类王国里，要数海豚家族的种类最多了，全世界共有 30 多

自然的语言
——揭秘生物世界

种。海洋科学家发现，海豚发出的叫声共有 32 种，其中太平洋海豚经常使用的有 16 种，大西洋海豚经常使用的有 17 种，两者通用的有 9 种，可见太平洋海豚与大西洋海豚约有一半语言不通，这就是由于地域不同而产生的海豚的"方言"。海洋学家认为，海豚不仅可以利用声波信号在同种海豚间进行通信联络，也可以在不同种类的海豚间进行"对话"。虽然它们不能完全理解，但是也能达到似懂非懂的程度。现在还没有人能听懂海豚的"哨音"，无法理解它们的通信内容。有人推测，这种聪明的动物也可能具有类似于人类语言的表达系统。

> **▶ 拓展阅读**
>
> **·方 言·**
>
> 方言是语言的变体，根据其性质不同可分地域方言和社会方言。地域方言是语言因地域方面的差别而形成的变体，是全民共同语的不同地域上的分支，是语言发展不平衡性在地域上的反映。社会方言是同一地域的社会成员因为在职业、阶层、年龄、性别、文化教养等方面的差异而形成的社会变体。

体长 11 ~ 15 米、平均体重 25 吨的座头鲸非常善于"交谈"，不仅能"唱"出优美的"歌"，而且能连续"唱"22 个小时。虽说渔民们早就知道座头鲸会"唱歌"，但人们对其歌声的研究却起步较晚。1952 年，美国学者舒莱伯在夏威夷首次录下了座头鲸发出的声音，后经电子计算机分析发现，它们的歌声不仅交替反复有规律，而且抑扬顿挫、美妙动听，因而生物学家称赞它们为海洋世界里最杰出的"歌星"。座头鲸的鼾声、呻吟声和歌声都可用来表示性别并保持群落中的联系。一个家族即使散布在几十平方千米的海域，仍能凭借歌声了解每一个成员所在的位置。座头鲸的嗓门很大，音量可达150分贝，有些鲸的声音甚至能传出5千米以外。

如果说座头鲸是鲸类王国里的"歌星"，那么虎鲸就是鲸类王国中的"语言大师"了。科学家研究证明，虎鲸能发出62种不同的声音，而且这些声音有着不同的含义。更奇妙的是，虎鲸能"讲"不同"方言"和多种"语言"，其"方言"之间的差异就像英国各地区的方言一样略有不同，其多种"语言"如英语和日语一样有天壤之别。这一发现使虎鲸成为哺乳动物中语言方面的佼佼者，足以和人类或某些灵长目动物媲美。

> **广角镜**
>
> ·灵长目·
>
> 灵长目是哺乳纲的一目，目前是动物界最高等的类群。此类群生物大脑发达；眼眶朝向前方，眶间距窄；手和脚的趾（指）分开，大拇指灵活，多数能与其他趾（指）对握。灵长目包括原猴亚目和类人猿亚目，主要分布于世界上的温暖地区。人类属于高等灵长目动物。

加拿大海洋哺乳动物学家约翰·福特多年来从事虎鲸的联系方式的研究。他对终年生活在北太平洋的大约350头虎鲸进行了追踪研究。这些虎鲸属于在两个相邻海域里巡游的不同群体，其中北方群体由16个家庭小组所组成。由于虎鲸所发出的声音大部分处于人类的听觉范围内，所以，利用水听器结合潜水观察，能比较容易地录下它们的交谈内容。福特认为，虎鲸的"方言"由它们在水下时常用的哨声及呼叫声组成，这些声音和虎鲸在水中巡游时为进行回波定位而发出的声音完全不同。科学家对每一个虎鲸家庭小组的呼叫，即所谓的方言进行分类后发现，一个典型的家庭小组通常能发出12种不同的呼叫声，大多数呼叫声都只在一个家庭小组内通用。而且在每一个家庭小组内，"方言"都代代相传，但有时家庭小组之间也有一个或几个共同的呼叫声。虎鲸还能将各种呼叫声组合起来，形成一种复杂的家庭"确认编码"，它们可以借此编码确认其家庭成员。尤其是当多个家庭小组构成的超大群虎鲸在一起游弋时，"编码"就显得特别重要。由于虎鲸方言变化的速度极慢，因而形成某种"方言"所需的时间可能需要几个世纪。

当然，动物界的语言不可能像人类语言那样内涵丰富，但不能由此否定它们的语言的存在。以前，由于人们习惯性地认为语言是人类特有的交际系统，因而对客观存在的动物语言研究极少，所知甚微。如今，科学家已发现一些鲸类的语言和方言，可见语言和方言并不是人类所特有的。科学家们正致力于研究和理解动物界的独特语言，充当动物语言的合格译员，这对于探索动物世界的生活方式和社会奥秘，无疑有着重要的意义。

海洋动物长途迁徙而不迷路之谜

据英国《泰晤士报》报道，科学家们可能已经解开了海洋生物学上一个最令人费解的谜团：海洋动物是怎样在茫茫大海中长途迁徙而不迷路的。他们发现了一些能证明海龟和鲑鱼可以读取它们的出生地周围的"地球磁场图"，并将这些"数据"牢记在大脑里的证据。

鲸鱼和鲨鱼及很多其他生物可能正是利用类似

你知道吗

·磁　场·

磁场看不见也摸不着，具有波粒的辐射特性。磁体周围存在磁场，磁体间的相互作用就是以磁场作为媒介的。由于磁体的磁性来源于电流，电流是电荷的运动，因而可以概括地说，磁场是由运动电荷或电场的变化而产生的。

的方法在海洋中自由穿行的，而且这些动物还能觉察并记下地球磁场的变化。生物学教授肯尼斯·罗曼恩说："在一些岩石丰富的海域，磁矿石会使当地出现磁力异常现象。"人们通常认为，这种异常现象对磁性敏感的动物来说可能是个问题，但是也有人认为，磁力异常可能被它们当作一个非常有用的标记。长期以来，科学家已经知道地球磁场在不断发生轻微的变化，而且每一个海洋都有不同的磁场特征，但是他们不能确定海洋生物是否可以发现这些磁场特征。

人们一直认为鲑鱼可以利用鳃"嗅"河水，找到它们出生的河流，但是后来科学家们意识到，这种方法只能在很短的距离内起作用。另一种可能性是流体力学。流体力学是水流和波浪的相互作用、海岸线和海床产生的水体运动形式。罗曼恩和其他人正在努力证明海洋生物是通过三种方法在海洋中行进的，但是在长途迁徙中，"磁导航"应该是最重要的方式。

罗曼恩选择研究海龟和鲑鱼的原因是这两种海洋生物都用很长时间进行长途迁徙，但是它们似乎永远都能记住如何返回家园。在其中一项试验中，罗曼恩证明了幼年海龟拥有"内置地磁图"，它们在这种地图的引导下，首次成功穿越了大西洋。

大王乌贼的趣闻

海底世界里最大的软体动物，莫过于头足纲鞘形亚纲乌贼目中的大王乌贼。早在19世纪末，对大王乌贼就有过这样的记载：它的身长为3米，触手长达15米。它的眼睛直径达30厘米，这在整个动物世界是举世无双的。这种乌贼也是所有无脊椎动物中体积最大的动物。

自然的语言
——揭秘生物世界

大王乌贼生活在深海的水域里，通常人们难以观察到这一神秘"海中巨人"的"庐山真面目"，要捕获它也十分不易。最早人们是从捕获到的抹香鲸的胃里找到大王乌贼的躯体的，在解剖抹香鲸时所得到的不过是经过胃液消化的残存肌体组织——它的触手和两颌部分。直到1877年，人类才首次在北大西洋纽芬兰的海滩上找到了一具大王乌贼的尸体，并据此制作了唯一基本完整的大王乌贼标本。

> **广角镜**
>
> ·软体动物·
>
> 软体动物是无脊椎动物的一大类群，约75000种，包括原生动物、腔肠动物、扁形动物、线形动物、环节动物、节肢动物等。它们的外形差异很大，但有共同的特征：身体柔软而不分节，一般分头、足、内脏囊、外套膜和贝壳五部分。背侧皮肤褶襞向下延伸成外套膜。它们无真正的内骨骼，体内有一血腔。软体动物的族群包括乌贼、章鱼、鹦鹉螺和已经绝种的菊石与箭石。

抹香鲸是大王乌贼不共戴天的敌人，一旦在海中相遇，总少不了一场生死搏斗。动物学家晋科维奇曾身临其境地目睹了这两强相遇的惊心动魄的场面。那是一个海面平静的早晨，人们突然发现一条抹香鲸纵身跃出海面，并不断地在海面翻滚拍打，就好像是被鱼叉刺中一样拼命挣扎。猛地看去，抹香鲸硕大的头上像是套上了一个特大号的花圈，花圈的形状一直在变化着，一会儿扩张，一会儿缩小。仔细一看，原来那是一只大王乌贼用它那超长的触手死死地纠缠住鲸鱼的大头，如同给它套上一个紧箍，让它痛不欲生……抹香鲸则试图运用猛烈拍击海面的方法来击昏对手，它反复地将身体跃出海面，凶猛地拍打翻滚，终于将乌贼制服并吞食于腹中。

其实，按理说大王乌贼也是一种生性凶猛的动物，它与抹香鲸两强相争的厮杀,很难判断究竟是谁主动发起攻击的。像大王乌贼这类头足纲软体动物,游泳速度极快,它当时若想避免与抹香鲸发生正面冲撞和厮杀的话,是完全可能轻而易举地逃离的。

不在水里生活的鱼

"鱼水情"恐怕是鱼与水之间一个永恒的情感命题。然而这无奇不有的大千世界里,也有不在水里生活的鱼类。肺鱼这种在大洋洲、美洲、非洲均有分布的鱼,除了鳃的呼吸功能与其他鱼没有什么两样外,还有一个特殊的本领,能从大气中吸进氧气,经它们的肠道进入鳔内。肺鱼的鳔与众不同——具有肺的构造与功能,鳔的内部血管网络纵横交织,吸进氧气呼出二氧化碳的气体代谢工程就在这肺一样的鱼鳔中进行。

基础小知识

鳔

软骨鱼类和少数硬骨鱼类都有鳔。鱼鳔的体积约占身体的5%,其形状有卵圆形、圆锥形、心脏形、马蹄形等。鱼鳔里充填的气体主要是氧、氮和二氧化碳,氧气的含量最多,所以在缺氧的环境中,鱼鳔可以作为辅助呼吸器官,为鱼提供氧气。

由于肺鱼的常住地是杂草丛生的池塘,因此,它们并不是时时刻刻都用"肺"呼吸,一旦栖息地的水质发生变化或水塘干涸,它们的"肺"就派上用场了。这种适应环境不断变化的应变能力是自然界生存竞争、适者生存的客观反映,而肺鱼则正是生存竞争中的强者。

自然的语言
——揭秘生物世界

▲ 肺 鱼

非洲热带雨林的气候具有雨季和旱季泾渭分明的特征。那里的肺鱼在旱季到来、水源干枯的时候，就将自身藏匿在淤泥之中。它们巧妙地在淤泥中构筑一间"独善其身"的"泥屋"，仅在相应的地方开一个呼吸孔。它们就这样使身体始终保持湿润，在"泥屋"中养精蓄锐。数月后，雨季来临，"泥屋"便会在雨水的浸涮下土崩瓦解，肺鱼结束了"休眠"状态，重新回到有水的天地。有人曾在旱季将非洲肺鱼连同它的"泥屋"整体迁徙到欧洲大陆。经温水浸润后，肺鱼居然从"泥屋"的废墟中复活了，并在一个鱼缸里生活了好几年。

攀鲈是生长在印度、缅甸和菲律宾群岛的一种鱼，遇到干旱季节，它们也能在淤泥中栖息度日。倘若干旱旷日持久，它们不会在泥中耐受煎熬，而会去开辟新的生存领地。它们借助于自身的胸鳍和鳃盖上的锐利钩刺在陆地

▶ 拓展阅读

· 迷 路 ·

内耳由一些埋藏在坚硬骨头里面的弯曲管道和囊所组成，因为它构造复杂，管道盘旋，形同迷宫，因此叫作迷路。内耳迷路外壳质地坚硬，有如象牙，叫作骨迷路。骨迷路中包藏着和它形状大致相仿的膜迷路。骨迷路和膜迷路内均充满淋巴液。

上艰难地行走。攀鲈的鳃边长着两个腔室（动物学上称之为"迷路"），

腔室内部布满了微血管网络，吸入的空气在腔室中分离出来的氧气，通过微血管壁渗入血液中，保证了攀鲈在陆地上的供氧。

印尼爪哇岛海域里的一种热带鱼——弹涂鱼，也能在水外寻求生存空间。弹涂鱼总是眷恋着生长在浅海水域的红树灌木。涨潮时，它们与红树的树根同在水中休养生息；退潮时，红树的树根露出水面，它们也就离开了水，又跳又蹦地捕食昆虫和无脊椎动物。它们之所以能长时间在水外生活，是因为它们鳃前的喉部蓄存着一些永不干涸的水，这些水能保持身体润泽，免受干渴之苦。有一种银色弹涂鱼还非得周期性到陆地上"度假"，倘若长期强求它们生活在水中的话，它们倒会出毛病，甚至会闷闷不乐地死去。

抗冻的鳕鱼

南极鳕鱼生活在南极比较寒冷的海域，甚至罗斯冰架附近都有分布。它体长40厘米左右，体重一般不超过10千克，体形短粗，呈银灰色，略带黑褐色斑点，头大，嘴圆，唇厚，血液为灰白色，没有血红蛋白。作为食用鱼类，它肉嫩质白，味道鲜美可口，营养价值较高。

你知道吗

· 冰 架 ·

冰架是指陆地冰或与大陆架相连的冰体延伸到海洋的那部分（如北极冰架）。崩解后的冰架成为冰山，或者可以说冰山的来源就是冰架崩解。冰架有大有小，大的冰架可达数万平方千米。两极地区是冰架最为集中的地区。冰架崩解是一种自然现象。

它的独特生理功能是抗低温，能够在寒冷的天气中生存。因此，南极鳕鱼除了作为重要资源而进行商业性开发外，它的抗冻功能也备受重视。

原来南极鳕鱼的血液中有一种特殊的物质，叫作抗冻蛋白，就是这种抗冻蛋白在起作用。

抗冻蛋白之所以具有抗冻作用，是因为其分子具有扩展的性质，其结构有一块极易与水或冰相互作用的表面区域，以此降低水的冰点，从而阻止体液的冻结。因此，抗冻蛋白赋予南极鳕鱼一种惊人的抗低温能力。

海底鸳鸯——鲎

在中国及日本南部沿海，生长着一种大型节肢动物，外形像瓢，雌雄整天形影不离，行走、吃食、休息都钩夹在一起，这就是人们称为海底鸳鸯的鲎。

生活在深海里的鲎不属于鱼类，而是属于节肢动物门肢口纲。鲎是节肢动物中体形最大的种类。因为它们的体形像马蹄，所以有人称它们为马蹄蟹。它们在4亿年前的泥盆纪末期，鲎就问世了，堪称海洋里的远古遗民，是一类与化石三叶虫一样古老的动物。它们历尽沧

广角镜

· 节肢动物 ·

节肢动物，也称为节足动物，动物界中种类最多的一门。它们身体左右对称，由多数结构与功能各不相同的体节构成，一般可分头、胸、腹三部分，但有些种类头、胸两部分愈合为头胸部，有些种类胸部与腹部愈合为躯干部，也有三部分愈合在一起的。体表被有坚厚的几丁质外骨骼，附肢分节。除单独生活的节肢动物外，也有寄生的种类。

桑却没有进化多少，至今仍保持着原始生物的老样子，因而被称为活化石。

鲎对"爱情"很专一，雌鲎与雄鲎一旦结为夫妇便形影不离。肥大的雌鲎背驮着比它瘦小的"丈夫"，蹒跚爬行，因此获得"海底鸳鸯"的美称。北部湾一带的渔民都称它们为"俩公婆"。每年春季，成群的鲎从海底游到海滩生儿育女。有经验的渔民熟悉鲎的行进路线，事先在半路上布下了长长的渔网。鲎一旦遭到暗算，就插翅难逃，只好网中待毙。这些夫妻鲎，不论是从深海旅行到浅滩，还是被捕入"狱"，从来都是双宿双游，从不分开。最令人惊讶的是，当雄鲎的尾巴被抓住时，这只雄鲎紧紧抱住雌鲎不放，雌鲎也不愿弃夫而逃，结果它们一块儿被提出水面。

海参奇特的生活习性

在浩瀚的海洋中，海参可称得上是生活习性很奇特的一族。从外观上看，它是一种管状的无脊椎动物，褐色的体表长满许多肉刺，既没有优美动人的体态，又没有高超的游泳技巧。它一般只能在海底缓慢地爬行、蠕动，是生活在海洋底层的与世无争的"居民"。

海参虽然在海底默默无闻，不求名分，却"人丁兴旺"，目前全球约有800多个品种。不过，这些品种大多含有毒素，不可食用，它们中只有20余种才是宴席上的美味佳肴。例如，我国黄海、渤海的刺参和南海的梅花参便属于可食用的海参。

若论"性格"，海参是十分古怪孤僻的，它通常深居简出，只有泥沙地带和海藻丛中才是它经常光顾和觅食的地方。一旦吃饱喝足，它就居住在波流稳定的岩礁孔隙中或大石板下。

海参一日三餐真是简单得不能再简单了，吃的尽是其他海生动物不屑一顾的泥沙、海藻以及微生物等。最令人感到不可思议的是，海参的再生能力极强，科学家曾对它做过实验，将其身体切成三段，然后放在海水中继续养殖，哪想半年时间过后，每一段海参不但活着，而且都长成了一个完整的海参。更为奇妙的是，海参遇到敌人的袭击或者恐吓时，它居然会把自己的内脏通过肛门全部排出体外，以此迷惑敌人，自己却乘机逃之夭夭。海参丢掉了自己的内脏后并不会死掉，它照样可以活得好好的，几个月之后，它的体内又能重新长出完整无缺的新内脏来。据观察，海参在其一生中，可反复多次排出内脏，又重新长出内脏。

陆地上的一些动物，比如说青蛙、蜗牛、蛇等选择在冬季冬眠，而海参却与之相反，偏选择在夏季夏眠。此时，海参往往刚刚"生儿育女"，体质虚弱，需要静养一番。它在夏眠期间，不吃也不动，腹部朝上，紧紧挨着海底岩石而眠。待到它一觉醒来时，陆地上早已是深秋了。

> **拓展阅读**
>
> ·夏 眠·
>
> 夏眠与冬眠一样都是动物在缺少食物的季节为了生存而出现的自然现象，夏眠也叫夏蛰。夏眠是某些动物对炎热和干旱季节的一种适应方式。例如地老虎（昆虫）、非洲肺鱼、沙蜥、草原龟、黄鼠等，它们都有夏眠的习惯。

海参被捕捞上来时，身体往往较大，如果人们不及时对它进行加工处理的话，它便会慢慢地收缩变小，最后竟化成一摊汁水。原来，海参体内充满了海水和大量的蛋白质，这些蛋白质极容易分解变成汁水一样的各种氨基酸。为此，人们将海参捞上岸之后，通常需迅速去除内脏，然后再用清水煮沸，并用食盐腌制，再经过风干日晒，使之变成干品海参。

爬、游、飞三项全能的豹鲂鮄

鱼儿离不开水,这句话是说鱼一生都在水中度过,所以说在水中游泳是鱼的本能。但是有的鱼除能在水中游泳外,还能在空中"飞",如飞鱼;有的还能在海滩上跳,如弹涂鱼。豹鲂鮄更是本领高强,它有爬、游、飞三项本领,可以说,具有"海、陆、空"立体运动的能力。

豹鲂鮄胸鳍的3根鳍条是独立的,能够自由活动,它借助这3根鳍条在广阔的海底自由自在地爬行。同时这些独立的鳍条,也是豹鲂鮄的触觉器官,可以帮助豹鲂鮄感知海底的情况。由于这3根独立鳍条的特殊机能,驱动这些鳍条的肌肉也就特别发达。这就是物竞天择、自然选择的结果——器官用进废退。

> **拓展阅读**
>
> ·用进废退·
>
> 用进废退这个观点最早是由法国生物学家勒布伦提出,后来由拉马克在《动物的哲学》中进行了系统的阐述,形成了所谓的"拉马克学说",此学说包含两个法则:一个是用进废退,一个是获得性遗传。拉马克认为两者既是变异产生的原因,又是适应形成的过程。他提出物种可以变化,物种的稳定性只有相对意义,生物在新环境的直接影响下习性改变,某些经常使用的器官变得发达,不经常使用的器官逐渐退化。

当豹鲂鮄从海底爬行转为在水中游泳时,胸鳍的3根独立鳍条就收拢,紧贴在体侧,以减少在水中的阻力。豹鲂鮄游兴达到高潮时,便以极快的速度冲出水面,继而展开"双翅"——胸鳍,在空中飞行。实际上,豹鲂鮄的"飞"和飞鱼的"飞"都不是真正的鼓翼飞行，而只是依靠风力的作用。

奇怪的叶形鱼

为了防御敌人，许多鱼类都有自己特殊的自卫武器和保护身体的色彩，叶形鱼也是如此。

在南美洲的小河里生活着一种不大的鱼，外形像叶子，颜色与红叶树的老叶相同，头的前端长着一个形状和叶柄相似的小突起，看上去像一片树叶。当它们穿行在小河两岸边的水草丛中时，就像岸边树上掉下的叶子。这种鱼的行动也很奇特，没有任何游水的动作，在水中它们好像是顺水漂浮，仔细观察，才能发现它们在频繁地摆动着鳍划水。它们的鳍很小，而且透明无色，在水中几乎看不出它们在摆动。

叶形鱼常常一动不动地待在水里，几乎与落到水里的树叶毫无区别。当用网捞起它们时，它们也毫无动作，人们必须仔细挑出捞到的树叶，才能发现一些活物——叶形鱼。早就听说过"鱼目混珠"，但像叶形鱼这种以"鱼身混叶"的情况还真不多见。

小丑鱼与大海葵

在我国南海海域生活着一群素有"小丑"之称的鱼，它们属鲈形目雀鲷科双锯鱼属，其身体色彩艳丽，多为红色、橘红色，体长仅五六厘米。因为双锯鱼类的脸上都有1条或2条白色条纹，好似京剧中的丑角，所以俗称小丑鱼。但实际上它们身上的色彩特别艳丽，叫它们小丑鱼真不公平。

小丑鱼喜群体生活，几十尾鱼组成一个大家族，其中也分"长幼尊卑"。如果有的小丑鱼犯了错误，就会被其他小丑鱼冷落；如果有的小丑鱼受了伤，大家会一同照顾它。可爱的小丑鱼就这样相亲相爱，自由自在地生活在一起。但是在大自然中，它们却时时面临着危险，小丑鱼就因为那艳丽的体色，常惹来杀身之祸。

　　海葵属无脊椎动物中的腔肠动物，生活在浅海的珊瑚、岩石之间，多为肉红色、紫色、浅褐色。海葵的触手中含有有毒的刺细胞，这使得很多海洋动物难以接近它们。但由于行动缓慢，难以取食，海葵经常饿肚子。长期以来，小丑鱼与海葵在生活中达成了共识，它们形成了利益共同体。当小丑鱼遇到危险时，海葵会用自己的身体把它包裹起来，保护小丑鱼。海葵的保护使小丑鱼免受其他大鱼的攻击，同时海葵吃剩的食物也可供给小丑鱼，而小丑鱼亦可利用海葵的触手丛安心地筑巢、产卵。对海葵而言，可借着小丑鱼的自由进出吸引其他的鱼类靠近，从而增加捕食的机会；小丑鱼亦可除去海葵的坏死组织及寄生虫，减少沉淀在海葵丛中的残屑。像它们这种互相帮助、互惠互利的生活方式在自然界称为共生。

基础小知识

腔肠动物

　　腔肠动物大约有 10000 种，有些生活在淡水中，但多数生活在海水中。这类水生动物身体中央生有空囊，因此整个动物有的呈钟形，有的呈伞形。腔肠动物的触手十分敏感，上面生有成组的被称为刺丝囊的刺细胞。如果触手碰到可以吃的东西，末端带毒的细线就会从刺丝囊中伸出，吸食美味佳肴。

会放电的鱼——电鳗

电鳗是生活在中美洲和南美洲河流中的淡水鱼。从外形上看，它像鳗鱼，但从其构造来鉴别，它更像一种接近鲤科的鱼类。电鳗一般身长2米，体重可达20千克，可以称得上是一种大鱼。

狡猾的电鳗通常是神不知鬼不觉地游近毫无戒备的鱼群和蛙群，然后突然放电攻击猎物。

电鳗身怀绝技的奥秘就在于它能发电，在它的身体两侧的肌肉中，分布着一些特殊的发电器官，仿佛是活的伏特电堆。这种由多达6000个特殊肌肉组织薄片构成的肌体部件，由结缔组织将这些薄片隔开，与这种发电器官连通着的还有遍布全身的神经网络。电鳗释放电能时的电压可达300伏特，这足以使河里的动物和人体感受到电鳗的存在及其电流的刺激。由于电鳗所电杀的猎物远远超出了它的好胃口所能容纳的食量，因而不少人认为电鳗是造成某些地方鱼类产量锐减的罪魁祸首。

> **广角镜**
>
> ·电 能·
>
> 电能指电以各种形式做功的能力（所以有时也叫电功），例如直流电能、交流电能。这两种电能可相互转换。

打洞的专家——威德尔海豹

栖息于南大洋冰区和冰缘的威德尔海豹是打洞专家。

威德尔海豹需要不断浮出水面进行呼吸，每次间隔时间为10~

20分钟，最长可达70分钟。在无冰时，浮到水面呼吸很容易，然而，当海面封冻时，呼吸便成了威德尔海豹的一大难题了。当威德尔海豹被封在海冰或浮冰群的底层时，就无法随时浮出水面进行呼吸。它闷得无法忍受时，就不顾一切大口大口地啃起冰来。费尽了平生之力，啃出了一个洞，它才能钻出洞外，有气无力地躺着，尽情地呼吸着空气。然而，它的嘴被磨破了，鲜血直流，染红了冰洞内外；它的牙齿被磨短了，磨平了，磨掉了，再也不能进食，也无法同它的劲敌进行搏斗了。正是由于这些原因，本来可以活20多年的威德尔海豹一般只能活8～10年，有的甚至只活4～5年就丧生了。更严重的是，有的威德尔海豹还没有钻出洞口，就因缺氧和体力耗尽而死亡。

为了让自己用鲜血和生命换来的冰洞不消失，威德尔海豹每隔一段时间就要重新啃一次冰，避免洞口被再次冻结。这样，冰洞就成了它进出海面呼吸和进行活动的门户。

威德尔海豹用鲜血和生命换来的冰洞，是海洋学家进行海洋科学研究的极佳场所。海洋学家可利用这些冰洞采集海水样品，从而进行海洋化学和海洋生物学的研究；还可以把各种海洋研究仪器放进冰洞，进行海洋物理学等学科的研究。假如用人工钻这样一个冰洞，要耗费很多人力和物力。因此，人们把威德尔海豹称为打洞专家和海洋学家的有力助手。

> **拓展阅读**
>
> **·海洋化学·**
>
> 海洋化学是研究海洋各部分的化学组成、物质分布、化学性质和化学过程，以及海洋化学资源在开发利用中的化学问题的科学。海洋化学是海洋科学的一个分支，和海洋生物学、海洋地质学、海洋物理学等有密切的关系。

传说中的"美人鱼"——儒艮

"美人鱼"这个名字,对于很多人来讲并不陌生,在安徒生童话中就有关于它们的美好描写。然而,大多数人恐怕并不明白"美人鱼"的学名是儒艮,它们主要分布在红海、非洲东岸海域、孟加拉湾、亚洲东南沿海至澳大利亚海域。"美人鱼"的分布与水温、海流以及作为主要食物的海草分布有着密切关系,多在距海岸20米左右的海草丛中出没,有时随潮水进入河口,取食后又随潮水回到海中,很少游向外海。"美人鱼"多以2~3头的家族群活动,在隐蔽条件良好的海草区底部生活,定期浮出水面呼吸。烟波浩渺,其呼吸或哺乳姿势形如少妇,因此得名"美人鱼"。远古渔民给"美人鱼"编织了许多美丽传说。

儒艮一般体长2~3.5米,重300~400千克,最大的可达1000千克。它们的身体呈纺锤形,头部较小,前端较钝,向后方倾斜;嘴巴朝腹面张开,唇上有短而粗的具有触觉功能的刚毛,这是用来搜索和选择食物的。鼻孔生在吻端,左右并列,鼻孔内有结实的瓣门,可以阻止水侵入。它们的背面呈深灰色,腹面呈灰色,皮肤多皱纹,且长有稀而细的短毛。儒艮因以草为食,并且胃与陆地上的牛一样分4个室,所以被称为海牛。

儒艮喜欢生活在热带海藻丛生的海域,主要以各种海草及海藻为食,一般成对或结成3~6只的小群一起生活。在水下吃食物时,每隔几分钟浮出水面呼吸一次。它们多在黎明或黄昏时觅食,中午是绝对看不到它们的。白天,它们潜伏在30~40米深的浅海底,静如岩石。它们吃食物很有规律，所经之处水中植物都会被清除得一干二净，因而有人称它们为水中割草机。

慈爱的父亲——狮子鱼

狮子鱼体长约 50 厘米，其外貌也并非慈眉善目，而名称也似乎给人以弱肉强食的凶残印象。可谁曾料想，雄性狮子鱼竟有一颗慈父心和一身呵护儿女的技艺。

自打雌性狮子鱼在退了潮的海边产卵之后，雄性狮子鱼就及时承担了父亲的责任。在退潮时，除了要保护鱼卵免受凶猛动物的伤害外，还要口中含水喷吐到鱼卵上，以保持孵化所必需的湿度。偶尔，它们还使出用鱼尾将海水水花溅到鱼卵上的绝招。鱼卵孵化出幼鱼后，它们的慈父心并未减退，仍然一如既往地陪伴、护卫在幼鱼群的左右。遇到险情，长着吸盘的幼鱼就向鱼爸爸游去，不一会儿工夫，鱼爸爸的周身就布满了密密麻麻的幼鱼。看上去，它和子女间也不知道究竟是谁护卫谁了。慈父就这样满载着周身的幼鱼，游向深海中的安全地带。

> **▶ 拓展阅读**
>
> **·吸盘·**
>
> 动物的吸附器官，一般呈中间凹陷的圆盘状。吸盘有吸附、摄食和运动等功能。蚂蟥前端的口部周围和后端各有一个吸盘。生活中的吸盘可以有很多种，其中主要的三种是利用内外大气压力的差来吸附在物体上的一种挂件、抓取物体的一种工具或磁力吸盘。磁力吸盘专门用于吸附和固定铁磁性物质，大多数应用在机械加工等领域。

危险的海洋动物

　　种类繁多的海洋动物，纵有千种形状，万般姿态，并非对人都无危险；纵有千种风味，万种营养，也并非都是无害的美味佳肴。每年约有 5 万人不幸被海洋动物伤害，还有 2 万多人因吃有毒的鱼、贝类而中毒，其中死亡者也至少有 300 人。因此，人们应对一些危险的海洋动物有所了解。

杀人的水母刺胞

　　凶器：腔肠动物水母种类甚多，有上万种。它们体表都有一种特殊的细胞叫刺细胞。刺细胞里除细胞核等结构外，还有一种小小的囊状结构，叫刺胞。刺胞的形状有圆的、椭圆的，有的像棒形香蕉，一般长 5~50 微米，最大的也只有 1.2 毫米长，囊里包着毒素。

　　攻击方式：刺细胞向外的一端都有一根刺柄，犹如捕鱼叉的扳机，一受到触动，立即击发，将刺丝突然从囊内射出来，直刺对方。虽然刺丝很细，穿刺力却很大，其冲力能达 30 千帕斯卡，所以也能穿入人的皮肤。

　　补救措施：若不慎被蜇，应尽快用海水冲洗患部，再戴上手套用镊子等工具将患部的刺丝取出。此外，可在 45℃ 热水中浸泡 30~90 分钟，切忌用清水或湿沙擦拭患部。

吓人大于伤人的毒棘

代表毒族：海胆、海星、颊纹鼻鱼。

海胆的危险武器有两种类型：一是针状的毒棘，二是叉棘。大多数危险海胆必具备其一或二者皆备。海胆全身长满了棘，但各种海胆间又有很大差别。多数种类的棘是硬的，棘端圆而钝，没有毒腺，但有些种类的棘细长而尖锐且中空，如刺冠海胆的棘可长达30厘米。这种棘很容易断，若刺伤皮肤断在其内，则很难取出，因此抓取这种海胆是很危险的。

被刺后伤口异常疼痛，除因断掉的棘留在皮肤内引起剧痛外，棘内的紫色毒液会注入皮肤，引起被刺部位皮肤红肿，中毒较深者还会恶心、呕吐和腹泻，甚至失去知觉，呼吸困难，个别人还会死亡。所以在采集海胆时务必小心，一定要戴上厚厚的手套，防止被刺伤。

在棘皮动物中，有些海星能分泌带毒素的黏液，体表覆有很多毒棘。被海星刺伤，会引起皮炎，且疼痛难忍。猫若被刺，几分钟后就会失去运动能力，两小时后会痉挛而死。

体长15～60厘米的颊纹鼻鱼，生活在珊瑚礁中，用前端的小口吃海藻的叶子，漂亮而温顺。但它的尾部两侧各有1根矛状的棘，是由两片鳞演变而成，平时收拢在沟里，受到惊扰会竖起来，棘的后端固定在沟内，尖锐锋利的内缘就朝向前方，它像剃须刀一样锋利，常给敌人造成严重伤害。颊纹鼻鱼可能用这根棘刺杀其他鱼，但它是草食性的，所以棘更可能只是摆摆样子，做做姿态，起威慑作用。许多颊纹鼻鱼棘的周围还有显眼的颜色，标志出棘的轮廓。颊纹鼻鱼尾巴警告似的一摆，颜色一闪，棘一竖，就能吓跑来犯者。

自然的语言
——揭秘生物世界

剧毒的赤魟尾刺

凡见过赤魟的人都知道，在它鞭状的长尾基部，斜竖着一根棘刺，长度可达4~30厘米。这是一根毒棘，坚硬如铁，能像箭一样刺穿铠甲，若刺在树根上，能使树枯萎。若人不慎踩着

▲ 剧毒的赤魟

赤魟，它会立即扬起尾部，将毒棘刺入人体。棘的后部连着毒腺，毒腺里的白色毒液就沿着棘的沟注入伤口，使人疼痛难熬，甚至晕倒在地，数分钟不省人事，有的人会因剧烈地痉挛而死。由于棘的两侧有锯齿状倒钩，造成的伤口特别大，可长达15厘米，约14%的受害者必须手术治疗，剧痛可长达6~48小时，并会出现虚弱无力、恶心和不安等症状。曾有调查显示，在美国每年约有1800个遭赤魟刺伤的事例，死亡率大约为1%。即使受伤者侥幸生存了下来，也如患了一场大病，很久才能下地走路。

毒性如蝎的鬼鲉

鲉科鱼类约300多种，约有80种是能对人造成伤害的。鬼鲉是珊瑚礁鱼类及鲉科鱼类中最漂亮的一种，长约20厘米，由于它常展开巨大的扇形胸鳍和镶嵌着美丽花边的背鳍慢慢地游动，形状如伸

展羽毛的火鸡，国外也称它火鸡鱼。鬼鲉的有毒器官是鳍棘。鬼鲉的毒棘短而粗，棘上端1/3明显变粗，这里就是毒腺。鬼鲉的毒剧烈如蝎，俗称海蝎子。它的颜色鲜艳，且能随环境而改变，这是它对环境的适应方式，又是一种伪装手段。鬼鲉栖于潮间带至90米深的浅水海湾或近岸处，不大活泼，经常潜伏于岩石缝隙、珊瑚礁、海藻丛中，看上去就像是一块岩石或一族杂藻，不大引人注意。只有当人们无意中摸着或踩着它而被刺伤后才会发现它。若把它从水里取出来，它会立即把背鳍棘高高竖起，张开带棘的鳃盖，展开胸鳍、腹鳍等，样子吓人，不过胸鳍棘无毒。鬼鲉的毒性剧烈，人被刺伤后会晕厥、发烧、神经错乱、吐胆汁，厉害的还会心脏衰竭、血压降低、呼吸抑制，中毒较深者甚至会在3～24小时内死亡。鲉科鱼类的毒素多是一些对热很敏感的蛋白质形成的，很容易在高温条件下被破坏。所以被刺后一个简便易行的急救办法是尽快将伤口放在45℃以上热水中浸泡30～90分钟，可以缓解疼痛，然后再尽快就医或作其他处理。

能咬死人的章鱼

澳大利亚有一种带蓝色环状斑点的章鱼，对人危害最大。一只这种章鱼的毒液，足以使10个人丧生，而且目前还无有效的药物来治疗。章鱼的毒液能阻止血凝，使伤口大量出血，且感觉刺痛，最后全身发烧，呼吸困难，重者致死，轻者也需治疗三四周才能恢复健康。

自然的语言
——揭秘生物世界

扬子鳄有趣的习性

扬子鳄是水陆两栖的爬行动物,喜欢栖息在淡水的河流、湖泊之中,喜欢在夜间活动、觅食,主要吃一些小动物,如鱼、虾、鼠类、河蚌和小鸟等。它忍受饥饿的能力很强,能连续几个月不进食。

> **基础小知识**
>
> **槽生齿**
>
> 槽生齿是以齿根着生于颌骨的齿槽中的牙齿,见于哺乳动物和部分爬行动物,无法撕咬和咀嚼,如鳄鱼就长有槽生齿。

扬子鳄有独特的捕猎方法。如在陆地上捕猎,扬子鳄能纵跳抓捕,纵然捕不到时,它那巨大的尾巴还可以猛烈横扫。遗憾的是,扬子鳄虽长有看似尖锐锋利的牙齿,却是槽生齿,这种牙齿不能撕咬和咀嚼猎物,只能像钳子一样把猎物"夹住",然后囫囵吞咽下去。所以当扬子鳄捕到较大的陆生动物时,不能把它咬死,而是把它拖入水中淹死;相反,当扬子鳄捕到较大的水生动物时,又把它抛上陆地,使猎物因缺氧而死。在遇到大的猎物不能吞咽的时候,扬子鳄往往用大嘴"夹"着猎物在石头或树干上猛烈摔打,直到把它摔晕或摔碎后再张口吞下。如果还不行,它干脆把猎物丢在一旁,任其自然腐烂,等烂到可以吞食了,再吞下去。扬子鳄还有一个特殊的胃,这个胃不仅胃酸多而且酸度高,因此它的消化功能特别好。

扬子鳄具有高超的挖洞打穴的本领，头、尾和锐利的趾爪都是它的挖洞打穴工具。俗话说，"狡兔三窟"，而扬子鳄的洞穴还超过三窟。它的洞穴常有几个洞口，有的在岸边滩地芦苇、竹林丛生之处，有的在池沼底部，地面上有出入口、通气口，而且还有适应各种水位高度的侧洞口。洞穴内曲径

> **你知道吗**
>
> ·狡兔三窟·
>
> 成语，意思是狡猾的兔子有几个藏身的窝，比喻藏身的地方多，做了充分的准备。语出《战国策·齐策四》："狡兔有三窟，仅得免其死耳；今君有一窟，未得高枕而卧也，请为君复凿二窟。"意思是，狡兔三窟才免去死亡危险，现在你只有一处安身之所，不能高枕无忧啊，请让我为你再安排两处安身之所。此即成语"狡兔三窟"的来历。

通幽，纵横交错，恰似一座地下迷宫。也许正是这种地下迷宫帮助它度过严寒的大冰期和寒冷的冬天，同时也帮助它逃避了敌害而幸存下来。

人们常常用"鳄鱼的眼泪"来比喻那些假惺惺的人，因为人们看到鳄鱼在进食的时候常常是流着眼泪吃一些小动物，好像是它不忍心把这些小动物吃掉似的。那么鳄鱼流眼泪是怎么回事呢？它的眼泪并不是出于怜悯，而是由于它体内多余的盐分主要是通过一个特殊的腺体来排泄的，而这个腺体恰好位于它的眼睛旁边，使人们误认为这个腺体分泌的带有盐分的液体就是它的眼泪。当它进食的时候，腺体恰好在分泌带盐分的液体，所以人们常常误以为它是在假惺惺地怜悯这些小动物。

扬子鳄有冬眠的习性，因为它所在的栖息地冬季较寒冷，气温在0℃以下，这样的温度使得它只好躲到洞中冬眠。据观察，它冬眠

的时间一般从10月下旬开始到第二年的4月中旬结束，算来扬子鳄冬眠的时间有半年之久。它用于冬眠的洞有些不一般，洞穴有2米深，洞内构造复杂，有洞口、洞道、卧室、卧台、水潭、气筒等。卧台是扬子鳄躺着的地方，在最寒冷的季节，卧台上的温度也有10℃左右，扬子鳄在这样高级的洞内冬眠，肯定是非常舒适的。它在冬眠的初始阶段和即将结束的阶段，入眠的程度不深，受到刺激会有反应。它在冬眠的中间段入眠的程度很深，扬子鳄就好像死了似的，人们看不到它的呼吸现象。

需要说明的是，在扬子鳄的群体中，雄性为少数，雌性为绝大多数，雌雄性的比例约为5∶1。到底是什么原因造成的呢？这是一种有趣的自然现象。动物学家们经过研究才发现，扬子鳄的受精卵在受精的时候并没有固定的性别。在它的受精卵形成2周以后，其性别是由当时的孵化温度来决定的。孵化温度在26℃以上、30℃以下孵出来的几乎全是雌性幼鳄，孵化温度在34℃以上、36℃以下孵出来的几乎全是雄性幼鳄，而在32℃孵出来的，雌雄参半。如果孵化温度低于26℃或高于36℃，则孵化不出扬子鳄来。扬子鳄的受精卵在孵化时大多在适宜孵化雌性的气温条件下，这就造成了雌性扬子鳄多于雄性扬子鳄的现象。

千奇百怪说昆虫

QIANQI-BAIGUAI SHUO KUNCHONG

> 昆虫在分类学上属于昆虫纲，是世界上种群最繁盛的动物，已发现 100 多万种，比所有别种动物加起来都多。昆虫的构造有异于脊椎动物，它们的身体并没有内骨骼的支持，外裹一层由几丁质构成的壳。这层壳会分节以利于运动，犹如骑士的甲胄。昆虫在生态圈中扮演着很重要的角色。昆虫种类繁多，它们的生活方式与生活场所也是多种多样的，从天上到地下，从高山到深谷，从赤道到两极，从海洋到沙漠，从草地到森林，从野外到室内，到处都有昆虫的身影。

大自然的清道夫——蜣螂

昆虫不但种类繁多，而且食性多样，其中腐食性昆虫约占昆虫种数的 17%，由此可见腐食性昆虫也是一个了不起的庞大类群。它们以生物的尸体和粪便为食，有的将尸体埋入土中，成为地球上最大的"清洁工"群体，而且它们的活动加速了微生物对生物残骸的

自然的语言
——揭秘生物世界

分解，在大自然的能量循环中起着十分重要的作用。蜣螂就是它们中的杰出代表。很难想象地球上若没有这些"清洁工"，世界会变成什么样子。

当你漫步在乡间小道或到牧区游览时，常可发现滚动着的粪球。仔细瞧瞧，原来是两只昆虫在搬运"宝贝"——它们充饥的"粮食"。它们的行为十分奇特，一只在前头拉，一只在后面推，这一拉一推，粪球就向前方慢慢滚动。原来这是一对夫妻，通常雌虫在前，雄虫在后，配合默契，十分有趣。这种灵巧滑稽的小昆虫，就是通常所说的蜣螂或屎壳郎，也有称它们为粪金龟或牛屎龟的。

蜣螂身体呈黑色或黑褐色，属大中型昆虫。前足为开掘足，后足靠近腹部末端，距离中足较远，后足胫节有一个端距。触角呈鳃叶状，锤状部多毛，看不见小盾片，鞘翅将腹部气门完全盖住。蜣螂常在夜间出行，但推粪球的工作是在白天进行的。我国古书《尔雅翼》中曾记载："蜣螂转丸，一前行以后足曳之，一自后而推致之，乃坎地纳九，不数日有小蜣螂自其中出。"从这几句话可以看出蜣螂推粪球的目的。蜣螂能把大堆的牛粪做成小圆球，然后一个个推向预先挖掘好的洞穴中贮藏，慢慢享用，因为圆形物体在地面滚动时省力，运回巢穴比较容易。雌蜣螂把卵产在粪球里，卵被孵化成

基础小知识

鞘 翅

鞘翅是瓢虫、金龟子、天牛等昆虫的角质前翅，与其说是用于飞翔，不如说是用于保护。在静止时后翅重复折叠，鞘翅在上面覆盖着。甲虫类飞翔时鞘翅不振动，借助于紧张的收缩和胸侧内突的助力被固定住，专靠后翅的力量飞翔。

功后，出世的小蜣螂立刻就可以得到食物吃。这是雌蜣螂母爱的表现。它宁愿自己付出辛劳，使子女出世后不必再东奔西跑为找食而辛苦。然而在蜣螂的同类中，也隐藏着一些懒汉，它们不好好劳动，常常伺机在半路上抢夺滚动着的粪球，妄图占为己有，双方为此展开一场搏斗。若是"强盗"获胜，不但掠走粪球，连别人的"妻子"也一起掳走。

蜣螂的这种推粪的习性使它们成为大自然勤劳的清道夫。

蜣螂是益虫，为造福人类做出了贡献。澳大利亚是世界养牛王国，由此造成牛粪堆积如山，既毁坏了大批草地，又滋生了大量带细菌的苍蝇，传染疾病，造成灾难。而澳大利亚本地的蜣螂只会清除袋鼠的粪便。为此，澳大利亚政府派出专家到世界各国去寻觅能除牛粪的蜣螂。1979年，一位昆虫学家来到中国求助，引入了中国特有品种——神农蜣螂。此虫一到澳大利亚，立即投入战斗，在清除牛粪方面大显身手，战果辉煌，一举成功，为当地人民做出了贡献。

可爱的气象哨兵

昆虫中有一些能对气候的变化进行预报的气象哨兵，我国古代的一些史料可以为证。甲骨文的"夏"字，就是一个以蝉的形象为依据的象形字。可见人们早就把蝉和夏季联系在一起，蝉开始鸣叫就表示天气要变热了。我们的祖先把全年分为24个节气，其中一个是"惊蛰"。古人经过对昆虫的长期观测，知道到了"惊蛰"这个时候，一切越冬昆虫就要苏醒，开始活动了。可见，用昆虫预报天气要比气象台预报天气的历史早得多。

> **基础小知识**
>
> ## 甲骨文
>
> 甲骨文是中国已发现的古代文字中时代最早、体系较为完整的文字。甲骨文主要指殷墟甲骨文，又称为"殷墟文字""契文"，是商周时代刻在龟甲兽骨上的文字。19世纪末，在商代后期都城遗址（今河南安阳小屯村）被发现。商代甲骨文是商王朝利用龟甲兽骨占卜吉凶时刻写的卜辞和与占卜有关的记事文字。

我们的祖先把昆虫的活动与季节和月份联系起来，从而总结出以候虫计时的规律，记入书籍中。如《诗经·七月》中载："五月斯螽动股，六月莎鸡振羽，七月在野，八月在宇，九月在户，十月蟋蟀入我床下。"意思是，五月螽斯开始用腿行走，六月"莎鸡"（纺织娘）的两翅摩擦发出鸣声，同时也可飞行，七月蟋蟀在田野，八月到了住户的屋檐之下，九月即进到屋里了，十月蟋蟀就得钻到热炕下了。

在日常生活中，我们可以根据某些昆虫的活动情况或鸣叫声预测短期内的天气变化及时令。例如，众多蜻蜓低飞捕食，预示几小时后将有大雨或暴雨降临。其原因是降雨之前气压低，一些小虫子飞得比较低，蜻蜓为了能够捕食到小虫，飞得也低。蚂蚁对气候的变化也特别敏感，它们能预感到未来几天内的天气变化。据说过去气象部门根据不同蚂蚁的活动情况，将天气分为几种不同类型，用来预测未来几日内的天气情况。晴天型：小黑蚂蚁外出觅食，巢门不封口，预示24小时之内天气良好。阴天型：（4～6月）各种蚂蚁下午5时仍不回巢，黄蚂蚁含土筑坝，围着巢门口，估计四五天后有连续4天以上阴雨。冷空气型：出现大黑蚂蚁筑坝、迁居、封巢等现象；小黑蚂蚁连续4天筑坝，预示未来将有一次冷空气到来。大雨、暴雨型：（4~9月）出现大黑蚂蚁间断性筑坝3天以上，并有爬树、爬竹现象；黄蚂蚁含土筑坝，气象预报有升温、升湿、降压等现象，未来48小时有一次大雨或暴雨。干旱型：大黑蚂蚁从树上搬迁到阴湿地方，并将未孵化的卵一起搬走，预示未来有较长时间干旱。当然，用蚂蚁预测天气，仍需参考当地气象资料，才能达到准确程度。

昆虫用植物当"电话"

昆虫会利用植物充当"电话"，通过释放独特的化学警报信号，告知地上的昆虫植物是否已经被地下的昆虫所占领。这种绿色的"电话"有效避免了地上的昆虫和地下的昆虫竞相吞噬同一株植物。

当地下的昆虫寄宿在一棵植物下时，它便开始蚕食植物的根，同时为了警告食叶性昆虫"此处已被占领"，地下的昆虫会通过植物叶片发出一种化学警报信号，这样一来，食叶性昆虫就会得知这棵植物已被占据。研究表明，如果地上的昆虫吞食了寄居有地下的昆虫的植物，那么植物的发育就会非常缓慢，反之亦然。所以说，这种"绿色电话线"能保证地上的昆虫和地下的昆虫不对同一植物进行无意识的竞争。

地下的昆虫不但能够通过植物这种"绿色电话线"与其他的昆虫发生联系，还能通过此生物"电话"和第三方取得联系，比如遇到毛虫时，如果毛虫不让步，地下的昆虫就会发出化学信号求救于寄生蜂，让寄生蜂来制服毛虫。到了这一步，毛虫的命运就惨了。地下的昆虫由叶子发出的化学信号告诉寄生蜂有哪些植物被占领了，于是寄生蜂就将它的卵产到吃这些植物的地上的昆虫体内，因此这些毛虫会机灵地寻找并接触未被地下食根昆虫占据的植物。

　　研究人员表示，昆虫接触过一些物质后常留下一种特殊气味，借以告知同种类的其他个休，排斥它们进入该处，保持其领域不受它们的侵犯。面对害虫，如果人们能够破解并利用这些气味上的"密码"，直接切断害虫与资源的联系，就能使资源免于受害。昆虫寄主标记信息素是由昆虫产生的用来标记寄主上有同种个体存在的化学物质，它的主要生态学功能是调节昆虫的产卵行为，通过阻止自身或同种类的其他个体对已标记寄主的产卵选择，或减少产卵量来减少后代之间对寄主资源的竞争。但是，寄主标记信息素也会给释放者带来不利的影响，如信息盗用和盗寄生现象等。

知识小链接

寄　主

　　寄生即两种生物在一起生活，一方受益，另一方受害，后者给前者提供营养物质和居住场所，这种生物关系称为寄生。其中受害的一方就叫寄主，也称为宿主。

昆虫寻花的本领

　　花的颜色是引导昆虫寻花的标志。蜜蜂通过视觉可以在五彩缤纷的大草原中，选择它中意的那些花。蜜蜂只能看见黄色、青色、蓝色和人看不见的紫外线。凡是能显出黄色、青色、蓝色的花，都是蜜蜂采蜜的对象。

各类昆虫中,蜜蜂无疑是为植物传粉的"主力军",但蜜蜂辨别的颜色有限,它是否能胜任呢?其实蜜蜂也拜访白花、红花。在人类看来是白色、红色的花,其实是由多种颜色混合而成的。红色的花实际上除了红色外,还有人类看不见的紫外线,蜜蜂虽看不见红色,但它却能辨别紫外线。有些白色花实际上是由多种颜色混合而成的,只不过反映到人们视觉中为白色,而且白花几乎都能吸收紫外线,同时反射出黄色和蓝色,因此,白色的花在蜜蜂看来可能是蓝绿色(接近青色)的。这样蜜蜂寻花的范围就扩大了很多。

仅仅从颜色来寻花不能保证蜜蜂不犯错误,蜜蜂还必须根据形状和气味来辨别各种植物的花朵。帮助蜜蜂判断花的形状和气味的是触觉器官和嗅觉器官,这些器官都长在蜜蜂的触角上。花朵的颜色在很远的地方就吸引着蜜蜂,飞到较近的距离时,蜜蜂就根据气味来进行最后的挑选,好从相似的颜色中认出自己需要的花来。蜜蜂的嗅觉器官和触觉器官都长在它能活动的触角上,所以触角所到之处,在嗅到气味的同时,也触及了被嗅到的花的外形,"测量"到了花的"尺寸"。气味和形状对了,就不会认错花了。

昆虫寻花还要靠它们的味觉器官,即通过口腔中的味觉器官,判别花蜜的滋味,合口味的便是所要寻找的花朵。有趣的是,并不是所有的昆虫的味觉器官都在口腔里。苍蝇是用触角来感觉味道,蝴蝶也是用触角来试味的。

昆虫寻花的本领可用色、形、味、香4个字来概括,经过对花的颜色、形状、气味、滋味一系列的判别,才能从万花丛中找到自己中意的花。

自然的语言
——揭秘生物世界

食鸟蛛的天罗地网

食鸟蛛是一种热带巨型蜘蛛,它的"巨",其一在于它的身体,通常体长(5~15厘米),有的甚至可达30厘米;其二在于它的胃口大,可以食鸟。蜘蛛是靠蜘蛛网来捕食的,食鸟蛛能吃到小鸟,它的网就非同一般了。

食鸟蛛在树林的树枝之间结网,这种蜘蛛网很结实,可以承受300克的重量。食鸟蛛在林子里布下天罗地网,不光是小鸟,就连小青蛙也落网难逃。食鸟蛛能分泌毒液,将落入罗网的小动物毒死,然后慢慢享用。因为食鸟蛛的网大而且结实,一些小昆虫(如小蜥蜴)也不免落入罗网,这时,食鸟蛛的胃口大开,对所有入网的猎物来者不拒,统统吃掉。

食鸟蛛多半是在夜间出来活动,白天总是躲在洞穴或树根之间。现在食鸟蛛已不仅仅在热带森林生活,它们有的已随着运往世界各地的热带树木周游世界了。

昆虫耳朵趣谈

人的耳朵以及许多动物的耳朵,都是左右对称地长在头上。但昆虫的耳朵特别奇怪,它们并不是都长在头上,有的长在胸部,有的长在腹部,有的长在触角上,还有的长在小腿上……

蝗虫的耳朵长在腹部第一节的两旁;蚊子的耳朵长在触角上;螽斯、蟋蟀的耳朵长在前足的小腿上;飞蛾的耳朵长在胸腹之间;蝉的耳朵长在腹部下面。

> **基础小知识**
>
> ## 触 角
>
> 触角是昆虫重要的感觉器官,主要有嗅觉和触觉作用,有的还有听觉作用,可以帮助昆虫进行通信联络、寻觅异性、寻找食物和选择产卵场所等。

昆虫的耳朵生长部位不一致,其构造和形状也各不相同。蝗虫、螽斯、蟋蟀的耳朵,外面有一个鼓状的薄膜,叫作鼓膜,里面连有特殊的听器,能感受外界的声波。当鼓膜感受到外界的声波时,发生振动,波及听觉器官及听神经,声音就传到脑部,作出反应。

蚊子的耳朵,是由触角上密密麻麻的绒毛构成的。在触角的第二节里藏着一个收听声音的器官,能够把外界的声音传到中枢神经去。它能够听到 50 米以外的另一只蚊子的嗡嗡声,即使周围的噪声大到像雷鸣般的震响,它仍然能辨别 50 米以外是雌蚊还是雄蚊的声响。所以,蚊子的触角在飞行时不断抖动,就是在探听周围的声响。

昆虫的听觉非常灵敏,可以说是"顺风耳",但昆虫的耳朵只能分辨声音节奏的韵律,分不清曲调的旋律。用同样的音调,模仿雄蟋蟀的鸣叫声,雌蟋蟀却无动于衷。但在夜深人静,当蟋蟀发出有节奏的鸣叫声时,一旦周围稍有动静,它就会戛然停止鸣叫。

昆虫的耳朵,只存在于能发音的昆虫,可用来寻找配偶,达到交配的目的。孤单的雌虫,根据异性发出的声音,容易找到对方的藏身之处。在保障自身的安全上,昆虫的耳朵也有很大的作用。飞蛾的耳朵能辨别蝙蝠的超声波,从而迅速离开危险区域。人们就利用它的这种特征,录制蝙蝠的超声波,夜间在田野播放。飞蛾听到就会纷纷逃窜，不敢在附近产卵孵化，危害庄稼。这确实是驱赶飞蛾的一种妙法。

基础小知识

超声波

超声波是频率高于20000赫的声波，它方向性好，穿透能力强，易于获得较集中的声能，在水中传播距离远，可用于测距、测速、清洗、焊接、碎石、杀菌消毒等，在医学、军事、工业、农业上有广泛的应用。超声波因其频率下限大约等于人的听觉上限而得名。

突眼蝇的眼睛

昆虫的眼睛各种各样，有的出奇的大，有的出奇的小；有的是一个单眼，有的是由几万个小眼组成的复眼。不过，不管这些眼睛多么奇怪，它们绝大多数是长在昆虫头壳表面的。然而世界之大，无奇不有，有一种昆虫的眼睛不是长在头壳上，而是长在头上伸出的两根长柄上。这两根长柄的长度，竟然超出它自身的长度。不知道的人看到它的这双怪眼，往往会误认为是它头上的触角呢。这种长有怪眼的昆虫就以怪眼而得名，叫作突眼蝇。

看到突眼蝇长了这样一对怪眼，你可能会想：它的视力一定会有与众不同的地方吧？是的，科学家们研究的结果表明，昆虫的复眼越向外突出，视野也就越开阔。突眼蝇的眼睛远离了头壳，生长在眼柄的顶端，真可以说是"会当凌绝顶，一览众山小"了。有了这样一双眼睛，它前后左右、上上下下都可以看得清楚。不过，话又得说回来，突眼蝇的眼睛是由许多小眼组成的复眼。研究表明，组成复眼的小眼越多，视力才越好。可是，突眼蝇的眼睛长在眼柄的顶端，不可能长得很大，组成复眼的小眼就很少，因此，它的视力自然也不会太好。这么一来，它的视野虽好，可却是一个戴着"高架眼镜"的近视眼。

还有，突眼蝇的眼睛和其他昆虫相比，离大脑的距离太远，影像通过神经传导的时间，自然要比其他昆虫长，因此，它对视野中物体的反应也会迟钝一些。至于突眼蝇的眼睛是不是和长筒望远镜一样，可以随意伸缩变焦，从而看清远处的物体，这还有待进一步的研究。

> **拓展阅读**
>
> ·单眼与复眼·
>
> 单眼是仅能感觉光的强弱，而不能看到物像的一种比较简单的光感受器。昆虫的单眼结构已较完善，通常有很多能感光的视觉细胞，周围有色素，表面仅有一个凸形的角膜，可分为背单眼和侧单眼两种。复眼是相对于单眼而言，它由多个小眼组成。每个小眼都有角膜、晶椎、色素细胞、视网膜细胞、视杆等结构，是一个独立的感光单位。轴突从视网膜细胞向后伸出，穿过基膜汇合成视神经。

能喷出高温毒液的甲虫——庞巴迪甲虫

庞巴迪甲虫有一种令人难以置信的独特能力，当受到威胁时，它们会快速地从腹部喷出沸腾的、爆炸性的液体，一次触发甚至能连续喷射70次，相当于投放炸弹。这种有毒液体是过氧化氢和对苯二酚的混合物，两种物质在甲虫体内发生化学反应。混合物来自庞巴迪甲虫腹部的一个具有燃烧室功能的部位，这个燃烧室的进出阀门可以准确控制混合物的温度。

庞巴迪甲虫的名字来自其保护自己对抗掠食者的能力。它们喷出的有毒液体温度高达100℃，可喷到鸟类、青蛙、啮齿动物或其他昆虫身体表面上，达到驱赶它们的目的。液体对于昆虫和小动物是致命的，而人若被甲虫咬伤，有毒液体就会进入人的皮肤，人会感觉很疼痛。

不相配的"夫妻"——松针黄毒蛾

松针黄毒蛾学名为舞毒蛾，又称吉卜赛蛾。雌雄两性差异极大，以至于人们往往会把它们误认为是两种不同的蛾类昆虫。雄蛾与雌蛾相比显得很渺小，完全没有"男子汉"的形体和气派。雄蛾身体为褐棕色，前翅浅黄色，布有褐棕色鳞，后翅为黄棕色。雌蛾体形高大且壮实，体色浅淡，前翅与后翅都接近黄白色，显得高贵而雅致。正是由于外形体色上所形成的强烈反差，使它们成了一对不相配的"夫妻"。

松针黄毒蛾在秋季产卵。雌蛾在树干的基部产下卵之后，即用自身腹部的细毛将产下的卵掩盖得严严实实，看上去就好像是树干上的一块浅棕色斑纹。冬去春来，幼虫孵化出来后就会爬上树冠，进食嫩绿的树叶。对于绿色森林，松针黄毒蛾可不像它们的外表那样洁白无瑕，更不存在半点高雅。它们穷凶极恶地蚕食树叶，好端端的白桦林、亭亭玉立的杨树，会被它们洗劫得只剩光秃秃的叶柄和叶脉。因此，它们是不折不扣的森林害虫。

消灭松针黄毒蛾的有效方法是，用煤油和沥青的混合液涂抹在它们产下的卵上，将害虫扼杀在摇篮里。或者将捕食害虫的鸟类引进到毒蛾肆虐的林子里，用鸟捕食松针黄毒蛾。

> **基础小知识**
>
> **沥青**
>
> 沥青是由多种碳氢化合物及氧、硫等非金属衍生物组成的黑褐色复杂混合物,呈液态、半固态或固态,是一种防水、防潮和防腐的有机胶凝材料,用于涂料、塑料、橡胶等工业以及铺筑路面等。

姬蜂养家糊口的方式

姬蜂对生儿育女所倾注的热情不亚于动物界其他种类,但它们养家糊口的方式却是别出心裁的。

姬蜂总是用螫针猎杀毛虫、蜘蛛、甲虫或甲虫的幼虫,然而为了给食品保鲜,它们从不把猎物置于死地,而仅仅是刺伤猎物而已,然后把猎物运送到"家"中。它们在猎物的身上产下1个或多个蜂卵,便撒手离去,而它们的孩子们则慢慢享用猎物所提供的养分,在"家"中成长起来。

为了把握"伤而不死"的分寸,姬蜂总是选择一个固定的部位对猎物"行刺"。螫针刺入猎物体内并触及它们的神经节,仅射入一滴毒汁,猎物便瘫痪了,这很像人类医学临床应用的针刺麻醉术。

不少姬蜂也常有一些"不劳而获"的不光彩行为。它们并不去冒险发起攻击,而只是观望同伴的冒险举动,一旦胜利者放下猎物去觅洞时,它们就会把现成的食物偷走,占为己有。

刚孵化出来的姬蜂幼虫,似乎与生俱来便有"保鲜食品"。它们先食用猎物肌体不重要的部分,使猎物仍保持鲜活,甚至到吃完了猎物的一半或3/4,猎物依然活着。姬蜂这一独具匠心的繁衍后代的方式,使其子女食宿无忧。在它们没有冰箱的居室里(洞穴),它们的食品的新鲜程度远非人类的罐头食品可以比拟的。

奇妙的蟋蟀鸣叫声

大家都很熟悉蟋蟀嘹亮的鸣叫声，但你们知道吗，蟋蟀的鸣叫声大有讲究。科学家们研究发现蟋蟀的种类不同，鸣叫声也不同，而且对于同种鸣叫声，只有同种蟋蟀有反应，别种蟋蟀对此是无动于衷的。

蟋蟀的鸣叫声听起来很悦耳，实际上，它只能单调地变化声音的强弱。蟋蟀的鸣叫声是由它发音的方法决定的，它是靠左、右前翅的开闭和往复动作发出声音的。翅膀一鼓一闭，摩擦得到连续的脉冲，形成猝发音。蟋蟀翅膀鼓起闭合动作的往复速度，因不同种类而异，从最慢的每秒10次（10赫兹）到最快的每秒150次（150赫兹）。对于频率低的，人们听起来似颤音，快的就觉得是连续音似的。

你知道吗

·脉　冲·

脉冲指一个物理量在短时间内突变后迅速回到其初始状态的过程。脉冲一般包括幅度、宽度、形状等主要参数。

更有趣的是，在蟋蟀众多的品种中还有几种不具有发音器而不能鸣叫的。尽管那几种雄蟋蟀不能发出声音，但是它们用特殊的方法向雌蟋蟀传递信息。这种方法是振动身躯，靠着身躯的物理振动

广角镜

·声　波·

声波是弹性介质中传播的一种机械波，起源于发声体的振动。在气体或液体介质中传播的声波是纵波，在固体介质中传播的声波可以是纵波、横波或两者的复合。

来传递声波。当然这样的声音是极微弱的，振动频率仅 40 赫兹左右。甭说人类听不到，即使蟋蟀本身也不可能通过听觉器官听到，估计它是通过物体传导来的振动感觉到的。不过这种振动的波形与鸣叫声的波形完全一样，实在令人感到惊讶。

埋葬尸体的小虫

在大自然中，有许多像兀鹫、鬣狗、蚂蚁这样的食腐动物，是它们及时地清除了那些暴尸荒野的动物尸体，才防止了因尸体腐败而造成的环境污染。为了表示对它们所做贡献的肯定，人们把它们誉为"大自然的清道夫"。埋葬虫就是它们当中的一员。

埋葬虫的体形很小，平均体长大约是 1.2 厘米。它们的外表有的呈黑色，有的呈明亮的橙色、黄色、红色，也有的五颜六色。它们的身体扁平而柔软，适合在动物的尸体下面爬行。

埋葬虫是怎样埋葬动物尸体的呢？它们为什么会有这么古怪的习性呢？原来，埋葬虫的嗅觉很灵敏，当附近有动物死去时，它们用触角便能很快闻到尸体的气味，探明尸体的位置，然后在飞行过程中，用翅膀的振动声为信号，招来大批的同伴。当几十只埋葬虫汇集到尸体上时，它们便在尸体上爬上好几圈，好像是在测量尸体的大小，考虑该挖多大的墓穴才能将它掩埋似的。等到这道工序完成，所有的埋葬虫就钻到尸体的下面，齐心协力地挖起土来。它们先将土挖松，然后用足将土向四周扒开。就这样，坑越挖越深，越扒越大，动物的尸体就逐渐下陷，最终被埋葬在由埋葬虫建造起来的墓穴之中了。如果尸体下的土壤太硬，无法挖土掩埋，埋葬虫们还会一起用力，将尸体搬运到土质松软的地方去埋葬。

99

埋葬虫千方百计地埋葬动物的尸体到底是为什么呢？原来，它们是在为自己将要出世的儿女准备粮食呢。当埋葬虫埋葬尸体的时候，就在尸体上产下了卵。等到卵孵化，小埋葬虫一出世，就可以吃到由父母早就为它们准备好的食物——动物的尸体了。不愁吃，不愁喝，埋葬虫的幼虫很快就会发育长大，变为成虫。

逢人便拜的叩头虫

叩甲科昆虫多为中小型种类，头小，体狭长，末端尖削，略扁。体色呈灰、褐、棕等暗色，体表被细毛或鳞片状毛覆盖，组成不同的花斑或条纹。有些大型种类则体色艳丽，具有光泽。它们的生活史较长，一般2～5年完成一代。幼虫身体细长，颜色金黄，故称金针虫、铁线虫。它们生活在地下土壤内，可为害播下的种子、植物根和块茎，是一种地下害虫。全世界已记载的叩甲科昆虫已超过1万种，我国已记载的约600种。

叩甲科昆虫一旦被人捉住，便会在人们手上不停地叩头，所以人们给它们起了一个形象的名字——叩头虫。孩子们常在野外捉叩头虫（成虫）来玩耍，用拇指和食指轻轻捏着它的后腹部和鞘翅端部，将它的头部朝向自己，于是叩头虫便将前胸弯下，然后又抬起、挺直，同时发出"咔咔"的声音，如此反复进行，好像在不停地叩头。其实它可不是真的向你叩头求饶，而是在挣扎逃脱，这是它的一种自救方式，你稍不留心，它就会弹跳逃走。

这种昆虫还用叩"响头"的方式进行信息传递，吸引异性。叩头虫为什么能叩头呢？因为它们的前胸背板与鞘翅基部有一条横缝（下凹），前胸腹板有一个向后伸的楔形突起，正好插入中间胸腹板的凹槽内，这样就组成了弹跳的构造。如果你将它背朝下放在平面上，使虫体仰卧，它先挺胸弯背，头和前胸向后仰，后胸和腹部向下弯曲，这样就使身体中间离开平面而成弓形，然后再靠肌肉的强力收缩，使前胸向中胸收拢，胸部背面撞击平面，身体借助平面的反冲力而弹起，从而翻过身来。它的弹起高度可达 30 多厘米。叩头虫的这种熟练而优美的翻身动作，真像体操的"前滚翻"和"仰卧跃起"的表演。如果要饲养它，只要在饲养盒内放一点水果，它就能生活较长一段时间。

可爱的飞鸟

KEAI DE FEINIAO

全世界现有鸟类9000多种，我国有1400多种，绝大多数营树栖生活，少数营地栖生活。水禽类在水中寻食，部分种类有迁徙的习性，主要分布于热带、亚热带和温带。鸟类体表被羽毛覆盖，前肢展开为翼，具有迅速飞翔的能力。身体内有气囊，体温高而恒定，并且具有角质喙。鸟的王国里有很多你不知道的新鲜事。你听说过这些吗？鸟类中有"女尊男卑"的现象，织布鸟夫妇分巢而居，北极燕鸥看重"礼物"……

鸟类中的"女尊男卑"现象

鸟类世界中90%以上的种类都是"一夫一妻制"，约2%的种类过着"一夫多妻制"的父系群聚生活，还有0.4%左右的种类为罕见的"一妻多夫制"。在遵循"一妻多夫制"的鸟类中，性选择主要是雌鸟起主导作用，而不是雄鸟，而性选择有利于提高雌鸟的竞争能力，因为在这些鸟类中生殖成功率主要取决于雌鸟。

红颈瓣蹼鹬是"一妻多夫制"的典型代表。它是一种小型海洋性水禽，体长只有18～21厘米，以水生昆虫、昆虫幼虫、甲壳类和软体动物等无脊椎动物为食。它一般在北极地区繁殖，在热带地区越冬，春秋迁徙途经我国境内。它的体形秀美，嘴细而尖，呈黑色。脚也是黑色，脚趾上具有像花瓣一样的蹼。由于种群内部的性选择主要是雌鸟起主导作用，所以表现雌雄外形差异的性二型分化也恰好同大多数鸟类相反：雌鸟不但身躯长得比雄鸟高大强壮，羽色也比雄鸟美丽多彩，尤其是到了繁殖季节。这时雌鸟虽然身体的羽毛仍然以灰黑色为主，但眼上出现了一小块白色的斑，背、肩部有4条明显的橙黄色纵带，前颈呈鲜艳的栗红色，并从两侧往上一直延伸到眼后，形成一条漂亮的栗红色环带。雄鸟的羽色虽然看上去同雌鸟类似，但颜色却十分暗淡。

基础小知识

蹼

一些水栖动物或有水栖习性的动物趾间具有一层皮膜，可用来划水，这层皮膜称为蹼。例如，两栖类的蛙、蟾蜍等，爬行类的龟、鳖等，鸟类的雁、鸭、鸥等，哺乳类的河狸、水獭、海獭、鸭嘴兽等的趾间都具有发达程度不同的蹼。

繁殖期的求偶炫耀行为也是由雌鸟主动表露，它通常表现得特别兴奋，围着雄鸟转来转去，并做出各种炫耀姿态，尽力讨得雄鸟的欢心。如果此时有其他雌鸟闯入，它们之间便没有了往日的和气、温顺和羞涩，常常为争夺雄鸟挥动"粉拳"大打出手，上演一场"抢新郎"的闹剧。而那些雄鸟们完全没有一点点"男子汉"的气概，只是悄悄地站在一旁看热闹。雌鸟们经常斗得天昏地暗，难解

自然的语言
——揭秘生物世界

难分。直到失败的一方狼狈逃窜，获胜的雌鸟才昂首挺胸，带领着争抢到的"丈夫们"在其早已占领的地盘内筑巢安家，欢度蜜月。在筑巢的时候，作为"新郎"的雄鸟们不停地为巢中衔回草根、草叶，十分辛苦。而"新娘"却一反求婚时的讨好姿态，躲在一边袖手旁观。等到产卵之后，雌鸟更是不辞而别，抛夫弃子，另择新郎去了，只留下雄鸟老老实实地趴在巢中，承担起全部孵卵、育雏的重任。因此，对于红颈瓣蹼鹬来说，传统的"雌雄"的地位和观念完全被"颠倒"了，它们不仅遵循"一妻多夫制"，而且是"女尊男卑"，雌鸟在种群中处于主宰的地位，拥有许多"男妃"，过着"女王"一样的生活。

由于红颈瓣蹼鹬的卵经常会因捕食和气候反常而遭受很大损失，雌鸟都具有较强的迅速产出第二窝补偿卵的能力，来与这种环境特点相适应。当然，这些卵仍然需要雄鸟来看护和孵育，这种以雌鸟为主的繁殖特征很有点"母系社会"的影子。由于雄鸟承担抚育后代的全部工作，雌鸟就从繁重的孵卵、育雏工作中"解放"出来，专职产卵，客观上就增加了产卵量，从而确保可以多留一些后代。这是在长期的进化过程中发展起来的一种对捕食者掠夺卵和幼雏的适应方式。表面上雌鸟似乎是只"狠心无情""喜新厌旧"的"坏鸟"，实际上则对整个种族的发展有很大的贡献。

最特殊的"活罗盘"——鸽子

飞鸽千里传书，燕子秋去春来，这些都是人们常见、熟知的现象。据记载，曾有一只鸽子由西非出发，飞行了5天半，经过9000多千米的长途旅行返回英国老家。北极燕鸥每年往返于南北极之间。让人们迷惑不解的是，这些鸟是根据什么能够年复一年且准确地返回它们的繁殖地点或越冬地区的?

动物学家们和其他学科的专家们花费了许多年的时间，尤其是近数十年，将大量技术先进的新监测设备甚至人造卫星应用到这项研究之中。这才初步搞清了动物迁移中的

> **你知道吗**
>
> ·偏振光·
>
> 光是一种电磁波，电磁波是横波，而振动方向和光传播方向构成的平面叫作振动面。偏振光是指具有偏振现象的光。按照其性质，偏振光又可分为平面偏振光（线偏振光）、圆偏振光、椭圆偏振光和部分偏振光等。光振动限于某一固定方向的，叫作平面偏振光或线偏振光。

导航机制，像海龟、鲣鸟以及椋鸟等是依靠太阳或星辰作导航的，蚂蚁、蜜蜂是利用偏振光来定向的。对鸽子的研究显示，它们在晴空万里之时可把太阳的位置作为航标，在乌云密布或夜幕降临时，它们也可以凭借地球磁场的差异而准确地向家乡前进。科学家们通过观察和实验发现，如果迁飞途中的鸽子遇到功率强大的无线电发射台（站），那么它们立即会晕头转向，失去正确的航向。它们会围绕电台盘旋，除非电台电磁波间断，它们才能逃离这无形的网络而重新辨明方向前进。如果在鸽子头顶缚上一块强力的磁铁，鸽子也会像碰到电台电磁波一样失去正确的返巢方向。这都充分证明了磁场是鸽子迁飞的主要导航标志。

科学家还发现，每当磁暴发生时，哪怕只引起地球磁场极其微弱的变化，也足以影响鸽子返巢的准确性，这说明鸽子这只"活罗盘"是多么灵敏。那么鸽子怎样感受到磁场的变化？什么器官能感

自然的语言
——揭秘生物世界

> **广角镜**
>
> ·磁暴·
>
> 磁暴是地球磁场的方向和强度发生急剧而不规则变化的现象，由太阳突然喷发的大量带电粒子进入地球大气层而引起。发生时，短波无线电通信会受到严重干扰或完全中断。

受磁场变化？这种器官的结构怎样？在鸽子身体的哪一部分？这些是动物学家正全力研究的问题。德国细胞学家在研究细胞表面电荷情况时发现，在细胞表面放置一种能够导电的盐溶液，细胞就可以在电场中运动。如果此时外加一个磁场，那么细胞就会随磁场的位置移动而移动，并且在细胞移动的过程中使溶液诱导出相应的电流来，这电流的大小与磁场强度大小紧密相关。

德国细胞学家的这项研究成果，启发了研究鸟类迁飞机制的动物学家们，他们认为这也可能正是鸽子利用地磁导航的模型。

很可能在鸽子的脑子里的某一部分，有一个由相互平行排列的一批神经细胞构成的"生物罗盘"。每当外界磁场发生变化时，这批细胞就能在

> **拓展阅读**
>
> ·罗盘·
>
> 罗盘是一种地理学仪器，主要由位于盘中央的磁针和一系列同心圆圈组成，每一个圆圈都代表着中国古人对于宇宙大系统中某一个层次信息的理解。罗盘由三大部分组成：天池也叫海底，也就是指南针；内盘就是紧邻指南针外面那个可以转动的圆盘；外盘为正方形，是内盘的托盘，在四边外侧中点各有一个小孔，穿入红线成为天心十道，用于读取内盘盘面上的内容。

磁场诱导下发生强弱不同的电流，最后生物电再被另一特殊的感受

器接收，使得鸽子得到一个航向的信息，引导鸽子判明方向径直返巢。这样一个推论似乎是可信的，至于这一推论是否如实地反映出鸽子"活罗盘"导航机制的实质，有待进一步证实。

> **拓展阅读**
>
> ·生物电·
>
> 生物的器官、组织和细胞在生命活动过程中发生的电位和极性变化。它是生命活动过程中的一类物理和化学变化，是正常生理活动的表现，也是生物活组织的一个基本特征。

奇特的鸟嘴

鸟嘴内是没有牙齿的，为了啄食食物，它们的嘴延长成喙。由于食性不同，鸟的嘴形也长得各式各样。

吃虫的鸟，它们的嘴一般长得细长，尖得像钢针一样，便于啄食小虫子。例如鹡鸰、山雀、相思鸟等，它们专门吃刚从卵壳里孵化出来的幼虫，以及果实的虫眼里或叶腋里潜藏的小幼虫。这类鸟的食量都比较大，每天都要吃掉比它们体重还多的幼虫。它们吃掉了一些害虫，对果园、菜园贡献很大。

有的鸟嘴形细长，嘴的上部尖端有点向下弯曲，这种嘴能把树皮缝里和土壤里的虫子掏出来。著名的"树木医生"啄木鸟，嘴硬而直，呈楔状，整天在树林里搜查、敲打、凿洞，把藏在树皮里面的虫子啄出来。

还有一些鸟，它们的嘴形别具一格。如燕子、方尾鹟、寿带等，它们的嘴扁而阔，呈三角形，张开以后，面积很大，专门捕食在空中飞行着的昆虫。

自然的语言
——揭秘生物世界

在树林、田野吃种子或坚果的鸟类，嘴形一般粗短，呈圆锥状。如麻雀、文鸟、黄胸鹀等，它们的嘴短而强健，对啄食谷物种子特别有利。鹦鹉的嘴，硬厚钩曲，仿佛是剖开的半只牛角，对压裂坚果非常有利。交嘴雀上下嘴的尖端左右交叉，能深入松树球果的鳞片间，钳出里面的种子。

在沼泽、滩涂和浅水觅食软体动物和鱼虾的鸟类，如池鹭、白鹳、丹顶鹤等，嘴形长直，前端尖，有利于在泥中或浅水中寻找食物，并能夹紧滑溜溜的鱼虾。鸬鹚的嘴端钩曲，能啄食水中的游鱼。鹈鹕的嘴底下有一个很大的兜子，适于暂时贮存捉到的鱼。

一些食肉的猛禽，如鹰、隼、鹞、鹗等，嘴形尖锐并弯成钩状，便于它们撕食啮齿动物和鸟类。有一种猫头鹰叫长耳鸮，是捕捉田鼠的能手，每天能吃三四只田鼠。分布在青海、西藏一带的兀鹫，喜欢吃野兽的尸体，用带钩的嘴将其撕裂并吞食。伯劳的习性和猛禽相似，其嘴形也和小型猛禽相同。

你知道吗

·田鼠·

田鼠是仓鼠科的一类。与其他老鼠比较，田鼠的身体较结实，尾巴较短，眼睛和耳较小，可在多种环境中生活，多为地栖种类。它们挖掘地下通道或在倒木、树根、岩石下的缝隙中做窝。有的在白天活动，有的在夜间活动，也有的在白天、夜间均活动。多数是植食性动物，有些是肉食性动物，喜群居，不冬眠，每年繁殖2~4次，每胎产崽5~14只，寿命约2年。

丹顶鹤的舞蹈

每年 3 月末至 4 月初，在丹顶鹤到达繁殖地后不久，即开始配对和占领巢域，雄鸟和雌鸟彼此通过在巢域内不断鸣叫来宣布对领域的占有。求偶时也伴随着鸣叫，而且常常是雄鸟嘴尖朝上，昂起头颈，仰向天空，双翅耸立，引吭高歌，发出"呵，呵，呵"的嘹亮声音。雌鸟则高声应和，然后彼此对鸣、跳跃起舞。它们的舞姿很优美，或屈颈扬头，或屈膝弯腰，或原地踏步，或空中跳跃，有时还叼起小石子或小树枝抛向空中。

▲ 跳舞的丹顶鹤

丹顶鹤的舞蹈大多是几十个甚至几百个动作的连续变幻，因此妙不可言。南北朝时宋文学家鲍照在《舞鹤赋》中用"众变繁姿，参差洊密""态有遗妍，貌无停趣""轻迹凌乱，浮影交横"等句子来赞美丹顶鹤的舞蹈，说它们那"始连轩以凤跄，终宛转而龙跃"的舞姿使得善舞的"燕姬色沮，巴童心耻"。丹顶鹤如此动人的舞姿，自然也就受到古代艺术家们的喜爱，在河南南阳汉画馆珍藏的汉砖《鹤舞》上，就有对双鹤舞姿的生动描绘。

丹顶鹤的舞蹈往往从略带紧张的注目姿势引起的弯腰开始，有时增加一个并行动作。由行走中的弯腰、展翅到跳跃动作的产生，表明舞蹈的开始。也有的从叼捡食物开始。若它们想中途加入伙伴的舞列，往往以快步行走，拍打翅膀为信号。舞蹈中一半有固定的对象，也有不断替换伙伴的集体舞。在有伙伴的舞蹈中，一般都是一方弯腰，另一方就做伸腰抬头或跳跃等高位置动作，双方交替进行。但在节奏失调时，双方也同时做同样的动作。集体舞中常有跳踢、追逐赛跑，并伴有快速拍打翅膀的鞠躬和连续的屈背动作。当屈背动作中止时，立即进入弯腰动作。

丹顶鹤舞蹈的全部生态意义目前尚不十分清楚，但显然并不只是一种求爱行为，而很可能是某种情绪或刺激在特定场合的外部表现形式。舞蹈的主要动作有伸腰抬头、弯腰、跳跃、跳踢、展翅行走、屈背、鞠躬、衔物等，但姿势、幅度、快慢有所不同。而这些动作及其后续动作，又都有机地结合在一起，如弯腰—伸腰抬头—头急速上下摆动；展翅—伸腰抬头—弯腰；伸腰抬头—弯腰—脚朝下跳跃；展翅弯腰—弯腰行走—颈部和身体呈"八"字形展翅衔物—展翅行走；衔物—跳跃抛物—不变位的身体旋转，靠腿力或扇翅做跳跃、弯腰等动作。这些动作大多都有比较明确的目的，例如鞠躬一般表示友好和爱情；全身绷紧地低头敬礼，有时表示自身的存在、炫耀、恐吓之意；弯腰和展翅则表示怡然自得、闲适消遣；亮翅有时表示欢快的心情等。

看重"礼物"的北极燕鸥

北极燕鸥是一种可爱而优雅的海鸟，主要分布于北极及其附近地区，栖息于沼泽、海岸等地带。北极燕鸥成群活动，以鱼、甲壳动物等为食。它们的体长一般为33～39厘米，头顶、枕部为黑色，上体为淡灰色，腰部为白色，翅膀尖端为黑色，尾羽为白色，下体为灰色，虹膜为黑色，嘴为红色，脚为红色。

北极燕鸥的繁殖期为6～7月。此时，雌燕鸥常向雄燕鸥乞求食物，雄燕鸥对此作出反应的频率被雌燕鸥看作是他做父亲的能力的测量尺度。在繁殖季节开始时，雄燕鸥轻快地拍打着翅膀在鸟巢的聚集地上空盘旋，向配偶展示着自己。每只尖叫着的雄鸟，其血红色的嘴里都衔有一条刚捕捉到的鱼，

> **拓展阅读**
>
> ·频率·
>
> 频率是单位时间内完成振动的次数，是描述振动物体往复运动频繁程度的量，常用符号 f 或 v 表示。为了纪念德国物理学家赫兹的贡献，人们把频率的单位命名为赫兹，简称"赫"。每个物体都有由它本身性质决定的与振幅无关的频率，叫作固有频率。频率概念不仅在力学、声学中应用，在电磁学和无线电技术中也常用。

希望以此吸引尚未进行交配的雌鸟的注意。然而，雄燕鸥在吸引到雌燕鸥的注意前，是不会轻易丢掉得之不易的礼物的，一旦它把礼物贡献给钟情于它的雌鸟，它们在随后的大部分时间将一起生活在繁殖地。此时，雄鸟不停地被吵闹的雌鸟烦扰，雌鸟令雄鸟交出它的捕获物的大部分给自己。雌鸟做出选择的判断依据，可能就是嘴里衔着晃动的银色礼物（小鱼）的雄鸟回到雌鸟身边的频率。在求偶的最后时期里，雌鸟的大部分时间都花在夫妻俩自己的领地里，产下一窝卵并守护着它们，此时雄鸟的捕鱼能力就要经受考验了。为了给它的配偶喂食，它不停地往返于捕食的场所和繁殖地之间。

雄鸟在幼鸟刚刚孵化出来以后的那段时间里显得尤为重要，因为那时雌鸟要日夜不停地孵卵，所以雄鸟又一次担当起了鱼虾提供

者的角色。大部分的雌鸟都是产 3 枚卵，在条件好的年份里一对燕鸥能够成功地使前两个卵孵化出来，但是第三枚卵的命运通常是安危未定的。刚孵化出的幼鸟能否存活，与供它们在其中进行早期发育的卵的大小、雄鸟喂养家庭的勤劳程度密切相关。它们的生存前景在以下两种情况下会更好些，一是年幼的燕鸥从相对较大的卵内孵化出来，卵的大小能反映出在求偶时期雄鸟对雌鸟的饲喂情况；或者是在这些幼鸟出生后，雄鸟保持一种持之以恒的状态提供食物。显而易见，这两者是相互联系的。一只雄性北极燕鸥如果在其配偶的产卵期能够提供良好的食物，那么它在以后的日子里也会是一个出色的食物提供者。许多结合在一起的燕鸥，在求偶的早期就又分开了，可能是因为雌鸟认为雄鸟的能力弱，不是合格的配偶。

不会飞的鸵鸟

鸵鸟是现存体形最大的鸟类，体重一般 100～130 千克，身高 1.7～2.5 米。这么沉的身体想飞到空中，确实是一件难事，因此鸵鸟的庞大身躯是阻碍它飞翔的一个原因。鸵鸟的飞翔器官与其他鸟类不同，是使它不能飞翔的另一个原因。鸟类的飞翔器官主要有由前肢变成的翅膀、羽毛等，羽毛中真正有飞翔功能的是翅羽和尾羽，翅羽是长在翅膀上的，尾羽长在尾部。这种羽毛由许多细长的羽枝构成，各羽枝又密生着成排的羽小枝，羽小枝上有钩，把各羽枝钩结起来，形成羽片，羽片扇动空气而使鸟类腾空飞起。生长在尾部的尾羽也可由羽钩连成羽片，在飞翔中起到舵的作用。鸟类为了使自己的飞翔器官能保持正常功能，还有一个尾脂腺，用其分泌油脂以保护羽毛不变形。能飞的鸟类羽毛着生在体表的方式也很讲究，一般分羽区和裸区，即体表的有些区域分布羽毛，有些区域未分布羽毛，这种羽毛的着生方式，有利于剧烈的飞翔运动。鸵鸟的羽毛既无翅羽也无尾羽，更无羽毛保养器——尾脂腺，羽毛则全部平均分布体表，无羽区与裸区之分，它的飞翔器官高度退化，想要飞起来就无从谈起了。

知识小链接

尾脂腺

尾脂腺是鸟类的一种皮肤衍生物，在鸟类尾基部背面的皮下，是一种全泌腺。尾脂腺的分泌物主要是一种能被苏木精染色的颗粒，一般鸟类用喙啄取将其涂抹在羽毛及角质鳞片上，起到保护的作用。

那么鸵鸟的飞翔器官为什么会退化呢？这要从鸟类的起源说起。据推测，大约在2亿年前，有一支古爬行动物进化成鸟类，具体哪一种爬行动物是鸟类的祖先，尚无定论。随着鸟类家族的繁盛以及逐渐从水栖到陆栖环境的变化，在适应陆地多变的环境的同时，鸟类也发生了对不同生活方式的适应性变化，出现了涉禽（如丹顶鹤）、游禽（如绿头鸭）、陆禽（如斑鸠）、猛禽（如猫头鹰）、攀禽（如杜鹃）和鸣禽（如喜鹊）等多种生态类群，而鸵鸟是这么多种生态类群之外的另一种类群——走禽的代表。鸵鸟长期生活在辽阔的沙漠，翅羽和尾羽都已退化，后肢却发达有力，使其能适应沙漠生活。自然法则是无情的，只能适应而不可抗拒。如果鸵鸟的老祖宗硬撑着在空空荡荡的沙漠上空飞翔，而不愿脚踏实地在沙漠上找些可吃的食物，可能早就灭绝了。退一步讲，如果大自然最早把鸵鸟的老祖宗落户在树林里而不是沙漠上，鸵鸟也许不会成为不会飞的鸟类，但也许它也不会被称为鸵鸟了。

基础小知识

涉禽

涉禽是指那些适应在沼泽和水边生活的鸟类。它们的腿特别细长，颈和脚趾也较长，适于涉水行走，不适合游泳。它们休息时常一只脚站立，大部分是从水底、污泥中或地面获得食物。鹭类、鹳类、鹤类和鹬类等都属于这一类。

游禽

游禽是鸟类六大生态类群之一，涵盖了鸟类传统分类系统中雁形目、潜鸟目、䴙䴘目、鹱形目、鹈形目、鸥形目、企鹅目七项目中的所有种。游禽适合在水中取食，如雁、野鸭、天鹅等。它们喜欢在水上生活，脚向后伸，趾间有蹼，有扁阔的嘴或尖嘴，善于游泳、潜水和在水中掏取食物，大多数不善于在陆地上行走，但飞翔速度很快。

在新西兰还栖居着一种人们不大熟悉的鸟，这种鸟叫几维，也叫无翼鸟，它的翅膀几乎完全退化，没有任何飞翔能力，这也与它生活的环境息息相关。

坏名声的杜鹃

世界上约有50种杜鹃在别的种类的鸟窝里下蛋，这种巢寄生的现象，使杜鹃落得了一个"不愿抚养亲生孩子"的坏名声。奎氏杜鹃中就有在同种中找窝寄生孵卵的个别"懒汉"，并败坏了整个种群的名声。其实，生活在印度和美洲大陆的杜鹃，并不是不负责任的父母，对于垒窝筑巢、孵卵和喂养雏鸟的义务，它们都是亲力亲为、尽责尽职的。

在北美洲定点繁殖的黄嘴杜鹃，由夫妻共同筑巢。由于雌鸟每个繁殖期能下10个蛋，但下蛋的间隔时间很长，以至于常常使雏鸟和新生蛋混杂在同一个窝内。喂养雏鸟使雌鸟无暇再顾及孵蛋，却又要把蛋下完，于是黄嘴杜鹃就染上了将蛋寄存在邻居——不同种类的鸟巢的"坏毛病"。

还有的杜鹃从不筑巢，眼见别的鸟住房条件优越，它们就会去"占窝为王"。这种不道德的行为倒是促使它们在孵卵、饲喂雏鸟的亲身经历中重新找到了"为鸟父母"的感觉。

非洲生长着一种大斑杜鹃，善于选择"保姆"为它们孵卵、喂养雏鸟。一旦小鸟羽丰振翅，大斑杜鹃又会把自己的子女从"保姆"手中领走，按照固定的模式养育后代。

生活在俄罗斯的杜鹃在生儿育女方面，获得了约150种鸟的无私援助。但每个鸟窝只寄养一个蛋。它们善于选择蛋的大小和色泽与自己相类似的鸟种作为养父养母的"最佳人选"。

空中的强盗——贼鸥

贼鸥是在南半球高纬度发现的鸟类，曾有其在南极点上出现的纪录。南半球有南极贼鸥及亚南极贼鸥两种贼鸥，其身高分别是53厘米左右与63厘米左右，前者的体形略小且有浅白色的羽毛，不同于亚南极贼鸥。它们通常成对活动，在夏日繁殖，每次会产2个蛋，孵化期约为27天，但是经常只有1只幼鸟能存活。冬季时，它们活

自然的语言
——揭秘生物世界

跃于海上,甚至可能到北太平洋和白令海之间的阿留申群岛。贼鸥主要以企鹅蛋或如海鸥等其他海鸟及磷虾为食,它们亦会两两合作,即一只在前头引开欲攻击之企鹅,另一只在后头取其蛋,因而得名贼鸥。

贼鸥是企鹅的大敌。在企鹅的繁殖季节,贼鸥经常出其不意地袭击企鹅的栖息地,叼食企鹅的蛋和雏企鹅,闹得鸟飞蛋打,四邻不安。

贼鸥好吃懒做,它们从来不自己垒窝筑巢,而是采取霸道手段,抢占其他鸟的巢穴,驱散其他鸟的家庭,有时甚至穷凶极恶地从其他鸟、兽的口中抢夺食物。一填饱肚皮,就蹲伏不动,消磨时光。

懒惰成性的贼鸥,对食物的选择并不挑剔,不管好坏,只要能填饱肚子就可以了。除鱼、虾等海洋生物外,鸟蛋、幼鸟、海豹的尸体甚至鸟兽的粪便等都是它们的美餐。科学考察者丢弃的剩余饭菜和垃圾也可以成为它们的美味佳肴。在饥饿之时,它们甚至钻进科学考察站的食品库,像老鼠一样,吃饱喝足,临走时再捞上一把。

更可恶的是,贼鸥给科学考察者带来很大的麻烦。科学考察者在野外考察时,如果不加提防,他们随身所带的野餐食品就会被贼鸥叼走。碰到这种情况,人们只能望空兴叹,因此人们称它们为空中的强盗。当人们不知不觉地走近它们的巢时,它们便不顾一切地袭来,叽叽喳喳地在人们头顶上乱飞,甚至向人们俯冲,又是抓,又是叫,有时还向人们头上拉屎,大有赶走科学考察者、摧毁科学考察站之势。

贼鸥的飞行能力较强,或许是由于长期行盗锻炼出来的吧。据说,南极的贼鸥也能飞到北极,并在那里生活。

在南极的冬季,有少数贼鸥在亚南极南部的岛屿上越冬。中国南极长城站周围就是它们的越冬地之一,那里到处是冰雪,不仅在夏季几个月里裸露的那些小片土地被雪覆盖,而且大片的海洋也被冻结。这时,贼鸥的生活更加困难,没有巢居住,没有食物吃,也不远飞,就懒洋洋地待在科学考察站附近,靠吃科学考察站上的垃圾过活,因此人们也称它们为"义务清洁员"。

孵蛋的雄企鹅

在庞大的动物世界中,雌性动物生儿育女似乎是一种本能和天职,人们对这种天经地义的事情也早已习以为常了。然而,帝企鹅却打破了常规,创造了雄企鹅孵蛋的奇迹,这不能不说是动物界的一大奇观。

雌企鹅在产蛋以后,立即把蛋交给雄企鹅。从此,雌企鹅的生育任务就告一段落了。隔一两日后,雌企鹅就离开温暖的家庭,跑到海里去觅食了,因为它在怀孕期间差不多1个来月没有进食,精神和体力的消耗十分严重,也该到海里去休息一阵,饱餐一下,恢复体力了。

孵蛋对雄企鹅来说的确是一项艰巨的任务。因为企鹅的生殖季节正值南极的冬季,气候严寒,风雪交加。企鹅的生殖期一般选在南极冬季,是因为冬季敌害少一些,能提高繁殖率,同时,等小企鹅生长到能独立活动和觅食时,南极的夏天就来临了,小企鹅可以离开父母,过自食其力的生活了,这也是企鹅适应南极环境的结果。

在孵蛋期间,为了避寒和挡风,几只雄企鹅常常并排站立,背朝来风面,形成一堵挡风的墙。孵蛋时,雄企鹅双足紧并,肃穆而立,以尾部作为支柱,分担双足所承受的身体重量,然后用嘴将蛋小心翼翼地拨弄到双足背上，并轻微活动身躯和双足，直到蛋在脚背停稳为止。最后，从自己腹部的下端耷拉下一块皱长的肚皮，像安全袋一样，把蛋盖住。从此，雄企鹅便弯着脖子，低着头，全神贯注地凝视和保护着这颗"掌上明珠"，竭尽全力、不吃不喝地站立60多天。直到雏企鹅脱壳而出，雄企鹅们才能稍微松一口气，轻轻地活动一下身子，理一理蓬松的羽毛，鼓一鼓翅膀，提一提神，又准备完成护理小企鹅的任务。

刚出生的小企鹅不敢脱离父亲的怀抱擅自走动，仍然躲在父亲腹下的皱皮里，偶尔探出头来，望一望父亲的四周，窥视一下周围冰天雪地的陌生世界，很快就把头缩回去了。1周之后，小企鹅才敢在父亲的脚背上活动几下，改变一下位置。在这期间，小企鹅没有食吃，只靠雌企鹅留在它体内的卵黄作为营养，维持生命，所以经常饿得喳喳叫，甚至用嘴啄雄企鹅的肚皮。然而，小企鹅哪里知道，在长达3个月的时间里父亲所受的苦难和付出的代价：冒严寒顶风雪，肃立不动，不吃不喝，只靠消耗自身贮存的脂肪来提供能量和热量，保证孵蛋所需要的温度，同时维持自己最低限度的代谢。在孵蛋和护理小企鹅期间，一只雄性帝企鹅的体重要减少10～20千克，即将近体重的1/2。

帝企鹅蛋的孵化率很难达到100%，高者达80%，低者不到10%，甚至有"全军覆没"的惨象发生。这倒不是由于雄企鹅的"责任"事故，也不是由于它们孵蛋的经验不足、技术不佳，主要是由于恶劣的南极气候和企鹅的天敌所致。

造成灾害的气候因素有两个，一是风，二是雪。企鹅孵蛋时若遇上每秒50～60米的强大风暴，就难以抵挡，即使筑起挡风的墙也无济于事。可以想象，强大风暴能刮走帐篷，卷走飞机，使建筑物搬家，把一两百千克重的物体抛到空中，更何况小小的企鹅呢！遇到这种天灾，只能落得鹅翻蛋破，幸者逃生。特别是雪暴，即风暴掀起的强大雪流，它怒吼着、咆哮着、奔腾着，横冲直撞地袭击着一切，孵蛋的企鹅不是被卷走就是被雪埋，幸存者屈指可数。

知识小链接

风　暴

风暴泛指强烈天气系统过境时出现的天气过程，特指伴有强风或强降水的天气系统，例如雷暴、雨暴、龙卷风（海上的俗称为龙吸水）、台风、飓风等。

企鹅的天敌也有两个，一是凶禽——贼鸥，二是猛兽——海豹。虽然，企鹅选择在南极的冬季进行繁殖，是为了避开天敌的侵袭，但是，天有不测风云，企鹅也有旦夕祸福。冬季偶尔也会有天敌出没，万一孵蛋的企鹅碰上这些凶禽、猛兽，也是凶多吉少，不是企鹅蛋被吞，就是蛋被弄碎。这种悲惨景况，时有发生。

叫声恐怖的夜行性鸟类——仓鸮

仓鸮又叫猴面鹰，是中型鸟类，体长为33～39厘米，体重为470～570克。它们的头大而圆，面盘为白色，十分明显，呈心脏形，四周的皱领为橙黄色，上体为斑驳的浅灰色及橙黄色，并具有精细的黑色和白色斑点；下体为白色，稍带淡黄色，并具有暗褐色斑点；尾羽上具有4条黑褐色的横斑；虹膜为黑色，嘴肉为白色，跗跖为

自然的语言
——揭秘生物世界

灰黑色，爪为黑色。

仓鸮主要分布于亚洲西部、南部和东南部、欧洲、大洋洲、非洲、马达加斯加，以及北美洲、南美洲和中美洲等地，几乎遍及全球，共分化为35个亚种，但是我国仅有2个亚种，即云南亚种和印度亚种。二者的区别主要是云南亚种面盘呈白色，下体为白色而缀有黄色，上体为灰色而缀有棕色；而印度亚种面盘呈污白色，上体则灰色更多，下体洁白。

仓鸮喜欢躲藏在废墟、阁楼、树洞、岩缝和桥墩下面，特别喜欢在农家的谷仓里栖息。常单独活动，白天多栖息于树上或洞中，黄昏和晚上才出来活动，有时出没于破宅、坟地或其他废墟中。飞行快速而有力，毫无声响，在黑夜中显得影影绰绰，再加上它们的叫声非常难听，很像人在受酷刑时发出的惨叫，所以常常使人们对它们感到非常恐惧。它们主要以鼠类和野兔为食，是著名的捕鼠能手，每天每只仓鸮大约捕捉3只老鼠，一年消灭鼠类1000只以上。此外，也捕猎中小型鸟类、青蛙和较大的昆虫等，偶尔也能像鹗一样捕鱼。捕猎时采取突然袭击的方式，同时发出尖厉的叫声，使猎物陷于极度恐怖之中而"束手就擒"。

▲ 仓鸮

戴着头盔的大鸟——双角犀鸟

双角犀鸟是大型鸟类,也是我国所产犀鸟中体形最大的一种,体长120厘米左右。雄性成鸟长着一个约30厘米长的大嘴和一个大而宽的盔突,盔突的顶部微凹,前缘形成两个角状突起,如同犀牛鼻子上的大角,又好像古代武士的头盔,非常威武,因此得名双角犀鸟。上

▲ 双角犀鸟

嘴和盔突顶部略带橙红色,嘴侧呈橙黄色,下嘴呈象牙白色。它们的颊、颔和喉等部位均为黑色,颈部为乳白色,背、肩、腰、胸和尾上的覆羽都是黑色,腹部及尾下的覆羽为白色。翅膀也是黑色,但翅尖为白色,还有明显的白色翅斑,极为醒目。尾羽为白色,但靠近端部有黑色的带状斑。腿灰绿色并带点褐色,爪子几乎为黑色。雌鸟的羽色和雄鸟相似,只是盔突较小。有趣的是雄鸟眼睛内的虹膜为深红色,雌鸟的却是白色,它们的眼睛上还生有粗长的睫毛,这是其他鸟类所少有的。

双角犀鸟主要栖息于海拔1500米以下的低山和山脚平原常绿阔叶林,尤其喜欢在靠近湍急溪流的林中沟谷地带活动。它们在繁殖期间常单独活动,而在非繁殖期则喜欢成群活动于高大的榕树上。每到果实成熟的季节,犀鸟群大多固定在一个地点取食,直到吃光了

自然的语言
——揭秘生物世界

所有的食物才更换新的取食地点。它们也常常成群飞行，一只接一只地鱼贯前进。飞翔时速度不快，姿态也很奇特，头、颈伸得很直，双翅平展，上下鼓动几次后，便靠滑翔前进，然后再鼓动几下翅膀，如此反复进行，如同摇橹一般。由于翼下的覆羽未能掩蔽飞羽的基部，所以在飞行时飞羽之间会发出很大的声响。它们在鸣叫时，颈部垂直向上，嘴指向天空，发出粗厉、响亮的叫声。日落时，便飞到密集的叶簇所遮蔽的大树顶上过夜。

> **拓展阅读**
>
> ·阔叶林·
>
> 阔叶林是由阔叶树种组成的森林，有冬季落叶的落叶阔叶林（又称夏绿林）和四季常绿的常绿阔叶林（又称照叶林）两种类型。阔叶林的组成树种繁多，中国的经济林树种大部分是阔叶树种，它们除用于生产木材外，还可用于生产木本粮油、干鲜果品、橡胶、生漆、药材等产品；许多壳斗科树种的叶片还可喂饲柞蚕；蜜源阔叶树也很丰富，可以开发利用。

双角犀鸟的食量很大，食性也很杂，主要以各种热带植物的果实和种子为食，有时候吃较大的昆虫以及爬行类、鼠类等动物。它们一般在树上觅食，有时也在地上觅食。犀鸟的大嘴看起来很笨重，实际上它既是犀鸟的捕食工具又是犀鸟的武器，使用起来非常灵巧，它可以轻松自如地采摘浆果，轻而易举地剥开坚果，还能得心应手地捕捉鼠类和昆虫。

"倒行逆施"的蜂鸟

要说是鸟却不会飞,这会令人奇怪,但要讲能飞的鸟类中,还有会倒着飞的,那就更稀罕了,蜂鸟就是这种专门"倒行逆施"的飞鸟。

蜂鸟是世界上最小的鸟类,身体只比蜜蜂大一些,它的双翅展开仅约3.5厘米,因此,蜂鸟只能像昆虫那样,用极快的速度振动双翅才能在空中飞行,它的翅膀振动的速度达每秒50次。蜂鸟不仅能倒退飞行,而且还能"停"在空中,当它"停"在空中时,它用自己的细嘴吸取花中的汁液或是啄食昆虫,这时在它身体两侧闪动着白色云烟状的光环,并发出特殊的嗡嗡声,这是蜂鸟在不停地拍着它的双翅而产生的光环和声响。蜂鸟的嘴细长,羽毛鲜艳,当它在花卉之间飞舞时,像是跳动着的一只小彩球,非常好看。

所有鸟类都有一个共同的特点,就是新陈代谢非常快,而这种微小的蜂鸟表现得更突出。它的正常体温约是43℃,心跳每分钟可达615次。每昼夜消耗的食物重量比它的体重还多一倍。蜂鸟有300余种,绝大多数都生活在中美洲和南美洲。

△ 蜂 鸟

自然的语言
——揭秘生物世界

> **基础小知识**
>
> **新陈代谢**
>
> 新陈代谢是生物体内全部有序化学变化的总称，其中的化学变化一般都是在酶的催化作用下进行的，包括物质代谢和能量代谢两个方面。物质代谢是指生物体与外界环境之间物质的交换和生物体内物质的转变过程。能量代谢是指生物体与外界环境之间能量的交换和生物体内能量的转变过程。

边吃边玩的巨嘴鸟

别看巨嘴鸟的体长只有 60～70 厘米，光它的大嘴就占了 20 多厘米，嘴长相当于体长的 1/3。嘴的宽度也在 9 厘米左右，因为嘴大得出奇，所以叫巨嘴鸟。

巨嘴鸟的嘴不仅大，而且多具色彩鲜艳的特点，极为引人注目。它的嘴上半部是黄色，略带淡绿色，下半部为蔚蓝色和淡绿色，嘴尖则是一点殷红，再配上眼睛四周一圈天蓝色的毛、橙黄色的胸脯、漆黑的背部，组成一身五彩缤纷的体羽，十分美丽。每当黄昏或雨过天晴时，巨嘴鸟就会栖息在高高的树枝上，一展它那并不太动听的歌喉，重复地叫着"咕嘎嘎"，叫声在森林里传得很远。

巨嘴鸟的食性很杂，不仅吃植物的果实、种子，也吃昆虫。它的吃食动作与其他的鸟类也略有不同。它总是先用坚硬的嘴及其锯齿般的边缘，将植物果实啄开，把食物啄成一块块的，然后用嘴尖啄起一大块，仰起头来，顽皮地把食物向上一抛，再张大嘴巴，准确地将食物接入喉咙里，得意扬扬地将它吞下。

分巢而居的织布鸟

在我国云南省西双版纳傣族自治州的几个保护区内,生活着一种会织布的鸟,人们给它起了一个好听的名字:织布鸟。

织布鸟的外貌和麻雀差不多,在生殖期间,雄鸟头顶和胸部羽毛变成黄色,面颊和喉部变成暗棕色,显得更漂亮,雌鸟在生殖期间羽毛颜色并不改变。

勤劳的织布鸟,首先用植物纤维把撕剥下来的大叶片牢牢拴在高大的榕树或者贝叶棕上。然后,雄雌两鸟,一里一外,一引一牵,认真缝连起来;最后,在里面、外面涂上泥巴,一个风雨不透的鸟巢便完成了,样子像一个葫芦。

有趣的是,织布鸟并不是雌雄同巢而居,而是各有卧室的。雄鸟总要先帮雌鸟把巢筑好之后,再和雌鸟一起筑自己的巢。所以,凡是挂着织布鸟巢的树上,至少有2只织布鸟。

神奇的秘书鸟

在非洲,有一种样子独特的鸟:它们体高近1米,羽毛大部分为白色,嘴似鹰,腿似鹭;中间两根尾羽极长,有60多厘米,如同两条白色飘带。因为它们头上长着几根羽笔一样的灰黑色冠羽,很像中世纪时帽子上插着羽毛笔的书记员,所以人们称它们秘书鸟,其实它们的学名叫蛇鹫。

有些鸟类学家曾同秘书鸟做过这样的"游戏":他们骑在马上向秘书鸟冲过去,这时秘书鸟便放开大步急奔逃跑,它们的奔跑速度

自然的语言
——揭秘生物世界

秘书鸟

之快，为奔马所不及。但秘书鸟在同奔马赛跑时，体力稍有不济就会很快感到疲劳。可是，奔马冲来时它们干吗不飞，难道它们不会飞吗？不，秘书鸟会飞，而且飞得很快。只不过它们好像不愿飞行，被奔马追赶时，它们宁愿在地上快跑。鸟类学家对此疑惑不解，因为它们的确飞得不错呀！飞行时，它们颈向前伸直，长腿向后并拢，长长的两根尾羽飘带般地飞舞，如同仙女飞天一样。时至今日，鸟类学家们仍在对秘书鸟"不愿飞"的问题进行细致地研究，但收获甚少。

秘书鸟的另一惊人之处在于它们擅长捕蛇。有时，蛇太大，不能一举使它毙命，秘书鸟便叼起蛇飞向天空，在高空中松开嘴，让蛇摔到坚硬的地面上，致其一命呜呼。甚至小秘书鸟也精于捕蛇之术，有时它们还把蛇当作玩具嬉戏。专家们认为，秘书鸟脚表面有很厚的角质鳞片，这是防备毒蛇利齿的最好的铠甲。再者，秘书鸟的腿很长，很难被蛇缠住身体。这些都是秘书鸟捕蛇的有利条件。

在冬、夏繁殖的鸟类——交嘴雀

一般鸟类都选择在春暖花开的季节生儿育女，而交嘴雀却与众不同，偏偏选择在夏天和寒冬时节。交嘴雀把鸟巢构筑在枫树上。

冬季，不管是冰霜雨雪，抑或是寒风刺骨，交嘴雀的雌鸟都会忠于职守地在鸟巢中孵卵，雄鸟则留守在距鸟巢不大远的地方，发出婉转的鸣叫，如同在欢唱一支春天里的歌，又像是在给孵卵的雌鸟鼓劲加油。正是由于它们夫妻双双同心同德，心诚所至，它们居然能在零下20℃～30℃的严寒天气中孵化出雏鸟，创造出动物世界的生命奇迹。

交嘴雀从不给雏鸟喂食昆虫，只是给雏鸟喂一些素食——将松果及其他球果的种子用嘴弄碎后喂给它们。

交嘴雀是因它们那别致的嘴而得名的。它们的嘴尖端弯曲，上下两片交叉成钳子状，这种精妙的嘴形设计，使它们将种子从球果中剜出来时是那样得心应手。交嘴雀不仅对繁殖期的选择很特别，在树上的活动方式也十分新奇。它们在枞树或松树上，常常以一种头朝地的倒挂姿势在枝干上爬行，有点儿像鹦鹉，爬行不仅用爪子，连嘴也起了辅助作用。

微生物的世界
WEISHENGWU DE SHIJIE

> 从进化的角度看,微生物是一切生物的老前辈。如果把地球的年龄压缩为一年的话,则微生物约在3月20日诞生,而人类约在12月31日下午7时许出现在地球上。微生物是一切肉眼看不见或看不清的微小生物,个体微小,结构简单,通常要用显微镜才能看清楚。可不要小看微生物的世界,它们种类繁多,无奇不有:有传布睡眠病的原生动物,有能产生天然柴油的罕见菌类,还有以吃铁为生的神奇微生物……

睡眠病的传布者

在非洲的维多利亚湖畔,曾流行过一种奇怪的病——睡眠病。患者的症状表现为全身发热,整天昏睡不醒,最后极度衰竭而死亡。这种睡眠病流行速度非常快,在非洲的一些村镇曾夺去了数十万人的生命。后来,经人们研究才发现这种睡眠病的传布者是一种叫锥虫的微小的原生动物和一种叫舌蝇的昆虫。

锥虫长约 15~25 微米，身体非常小，外形像柳叶，寄生在动物的血液中。它有两个寄主，一个是舌蝇，一个是人。感染锥虫的舌蝇，通过叮咬人体，使锥虫经体表进入人体血液中，锥虫从人的血液中吸取营养而继续长大。当它发育到一定程度时，将沿着人的循环系统侵入大脑，使人昏睡，因此这种锥虫又叫睡病虫。

> **广角镜**
>
> ·原生动物·
>
> 原生动物是动物界中最低等的一类原始单细胞动物，个体由单个细胞组成。原生动物形体微小，最小的只有 2~3 微米长，一般长度在 10~200 微米，但海洋中的个别种类长度可达 10 厘米。原生动物生活领域十分广阔，可生活于海水及淡水中，栖于底部或浮游于水中，但也有不少生活在土壤中或寄生在其他动物体内。原生动物一般以有性和无性两种世代相互交替的方法进行繁殖。

锥虫和舌蝇一类吸血昆虫不仅在非洲传布睡眠病，也在世界其他地区传布各种疾病。在中国，锥虫与牛虻、厩螫蝇传布一种危害马、牛和骆驼的疾病，使这些牲畜消瘦、浮肿发热，有时甚至导致它们突然死亡。

锥虫名声极为不佳，它寄生在各种脊椎动物体内，从鱼类、两栖类到鸟类、哺乳类，都有锥虫寄生。它甚至用不着与舌蝇之类的昆虫合作，便可直接感染各类寄主，但愿这种"害群之虫"早日被人类征服，断绝这类疾病的传染途径。

自然的语言
——揭秘生物世界

不能独立生活的孢子虫

孢子虫不是寄生在植物体内,就是寄生在动物体内,绝对没有在自然界独立存活的孢子虫。它们寄生的范围很广,能寄生在蚕、蜂、鱼类、牲畜乃至人体内,因此和人类关系也十分密切。它们裹在孢子之内,由孢子传至其他生物,这是孢子虫生活史中的一环。

读过《三国演义》的人,没人不佩服诸葛亮聪明机智,运筹帷幄,决胜千里之外,立于不败之地。但在七擒孟获、大显雄风之际,大批士兵倒毙于泸水之滨,这是受害于瘴气。有观点认为,当时瘴气流行于我国云、贵等地,是恶性疟原虫蔓延所致。

> **你知道吗**
>
> ·瘴 气·
>
> 瘴气是热带或亚热带山林里的湿热空气。瘴气形成的原因之一是无人有效地处理动物死后的尸体,加上热带或亚热带气温过高,为瘴气的产生创造了有利条件。中医中的瘴气,指南方山林中能致人患病的有毒气体,多是指热带原始森林里动植物腐烂后生成的毒气。

其他的疟原虫所致的疟疾,如三日疟、间日疟,死亡率比较低,虽不算瘴气,但是损害人身心,让人丧失劳动力,害处也很大。疟原虫潜伏在患者的红细胞内,吸取红细胞的养料为生,当滋长变成变形虫状时,会自行分裂繁殖。它们不像草履虫一分为二,而是一分为二十之多,所以繁殖要比草履虫快几十倍,在短时期内,可繁殖得极多。无性繁殖每经 48 小时一次,当疟原虫多分裂一次,穿破红细胞时,毒汁即散入血中,引起人们发寒、发热一次。无性繁殖持续一定时期之后,其中一部分,即转入有性生殖时期,形成大、小配子细胞。此时如有疟蚊（一般蚊子不能养活疟原虫）来吸血入胃中，蚊子的胃便被当作"洞房"，雌雄配子进行配合。受精卵能移动，穿越胃壁，在胃壁外侧形成孢子囊，囊中分裂成许许多多孢子虫，至少有几千条，钻出囊壁，闯入唾液腺中，等候时机。它们不需要结成

> **广角镜**
>
> ·草履虫·
>
> 草履虫因为其身体形状从平面角度看上去像倒置的草鞋底，故得此名。草履虫是一种身体很小的原生动物，它只由一个细胞构成，是单细胞动物，雌雄同体。最常见的是尾草履虫，体长只有180~280微米。它和变形虫的寿命都极短，以小时来计算，寿命为一昼夜左右。

孢子，孢子虫可在蚊子吸血时直接注射到健康的人体中。过一会儿，又开始无性生殖环节，引发疟疾。这样无性生殖继之有性生殖，有性生殖又转入无性生殖的轮流繁殖，与较为高等的腔肠动物的世代交替生殖十分相似。因此，为了防止疟疾的蔓延，最根本的措施是消灭疟蚊，中断疟原虫的生命循环。患了疟疾，应当看医服药，是不难根治的。

知识小链接

无性生殖

无性生殖是指不经生殖细胞结合的受精过程，由母体的一部分直接产生子代的生殖方式。在林业上，常用树木营养器官的一部分和花芽、花药、雌配子体等材料进行无性繁殖。花药、花芽、雌配子体常用组织培养法离体繁殖。生根后的植物与母株法的基因是完全相同的。

自然界的肇事者——鞭毛虫

鞭毛虫是一种原生动物，具有一条或几条鞭毛，靠着鞭毛摆动。在淡水、海水和潮湿土壤中，都有它们生活的痕迹，鞭毛虫分布之广，可以想象。此外，还有一些鞭毛虫钻入植物或动物体内，过着寄生的生活。这些寄生鞭毛虫，损害鱼类及牲畜，间接危害人类，有的甚至会直接让人毙命。

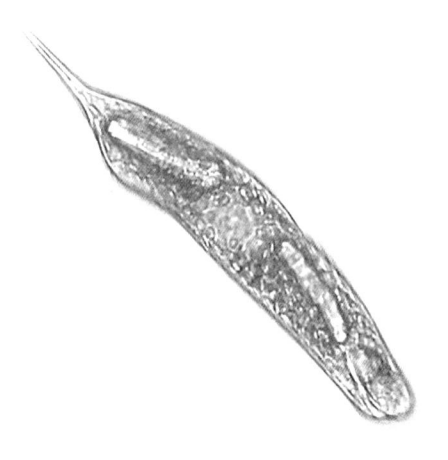

● 鞭毛虫

黑热病是一种叫杜氏利什曼原虫造成的，它们是一类微小的鞭毛虫。杜氏利什曼原虫最初在白蛉肠中寄生，可用鞭毛在宿主消化道中运动，一旦传到人的身体内，则钻进脾脏及血管巨细胞中寄生。在一个细胞内，可容纳十几只鞭毛虫，它们失去鞭毛，变成圆形小点后仍可以剥夺人的营养，危害性很大，能引起贫血、脾脏膨大、发热等病症，甚至带来生命危险。在我国，此病曾流行于黄淮平原。从前有几十万人得此疾病，现在采取以预防为主、治疗为辅的方针，已基本消灭。

非洲有一种锥虫，也是一类鞭毛虫，它们由吸血蝇传布。如果它们在人体内寄生，就会在血中繁殖，分泌毒汁，麻醉大脑，使人处于昏迷状态，状如睡眠，故名睡眠病。但是这一觉睡去，人就再也不会醒来，最终与世长辞，因此睡眠病是一种十分可怕的疾病。

有趣的是，鞭毛虫既似动物，又似植物，因此它们的分类问题是一个大难题。某些身附色素的个体，邻近植物界的鞭毛藻，便有人算作植物，称作黄藻、裸藻、甲藻，但动物学家则称其为金黄滴虫、眼虫、腰鞭毛虫。事实上，它们究竟是动物还是植物，很难下一句断语。认为它们属于动物的，有四点理由：第一，能自发活动；第二，有灵敏的感觉；第三，身体各部分工明确；第四，有感觉器官（如触手）。如果说，能活动且反应灵敏的都叫动物，那么，能说动物是自造营养而不依靠其他物质而生吗？换句话说，能进行光合作用，变无机物为复杂的有机物吗？不能。因此只能说，它们属于临界的生物。

草履虫的生殖方式

取一杯腐殖质多的淡水，置于透光处或适当的背景中，用肉眼就可以见到许多细细的白点在蜿蜒蠕动，这就是草履虫。但如果要看清楚它们的细微结构，则必须要放到显微镜下去观察。草履虫被西方人称为"拖鞋小动物"，而在中国人看来，它们更像是中国式的草鞋底。不过，草鞋底是前端尖，后端钝，而草履虫则恰恰相反，前端钝，后端尖，所以准确地说，草履虫更像是倒置的草鞋底。那么，草履虫能告诉我们一些什么奥秘呢？

草履虫的生殖方式主要有两种，即无性生殖和有性生殖。其中无性生殖最为简单。草履虫的身体一分为二，一次生殖只增加1倍，但每日分裂2次，一日就多了3倍，繁殖之迅速，可以想见。而草履虫的接合生殖，就表示有性的意义。当需要接合时，口沟侧形成黏液，两只草履虫相遇后，一触即合，它们相抱游泳，竟像一对情侣在跳舞一般。事实上，这时草履虫内部的细胞核在进行着一系列的变化。它们的大核不参加生殖环节，只有小核参加，最终一个像大配子，另一个像小配子。大的似卵，小的似精子。小的那个，虽然没有鞭毛，但也能慢慢移动，通过两虫之间临时沟通的原生质桥，跟大的那个融合，混成一体。就形式而论，这就好像高等动物的受精过程一样，结合成一个受精卵一般。这就是草履虫接合生殖的大致过程。草履虫接合的任务完毕，即拆断"鹊桥"，各奔东西，自过生活。殊不知它们的生殖程序尚未终止。合核还有一系列似高等动物卵裂、胚胎发生的变化，内中分成4个大核和4个小核，再经过二次体分裂，变成4个子体，各具1个大、小核。两个接合体，产生8个，就像出胎的幼崽，由幼而壮，都可长大发育为成体，这岂不和高等动物的有性生殖有异曲同工之处？

神奇微生物吃铁为生

科学家发现，一些微生物食入铁锈，清理污染的下水道，并同时产生电能，这些微小的生物中可能包含着原始生命的线索。自从神奇的泥土细菌被美国科学家德里克·拉乌里发现以来，这个微生物家族带给了我们许多令人惊奇的知识。

研究提出，如果有一些必需的原料，比如硫酸盐、沼气等，一些微生物可以在无氧环境下生存，因此，专家推测，这些微生物也可能利用铁来生存。从1987年起，德里克·拉乌里开始研究泥浆里的微生物，并最终从里面发现了这种"吃"金属的细菌。他从美国华盛顿州附近的波托马克河中挖取富含金属的泥浆，回到实验室后，在试管里加入泥浆，放进一些醋酸盐——微生物最喜欢的食物，然后观察。他注意到微小的黑色的矿物质聚集于试管的底部，处于毛茸茸的红色的氧化铁（即铁锈）的包围当中。如果把磁石放在试管的一边，所有的铁质小片都流向磁石的那一边。这些黑色的矿物质就是磁铁矿。

这种可以降解铁锈的泥土菌，通过向铁传递电子而获得生存的能量。在这个过程中，它们把铁锈变成了磁铁矿。这种生物的代谢方式是独一无二的，它们利用食物中的金属来获得能量，就像人类利用氧气一样。磁铁矿在200万年前是地球上储存的主要磁性矿物，因此，

你知道吗

·电子·

电子是构成原子的基本粒子之一，质量极小，带负电，在原子中围绕原子核运动。不同的原子拥有的电子数目不同，例如，每一个碳原子中含有6个电子，每一个氧原子中含有8个电子。能量高的离原子核较远，能量低的离原子核较近。通常把电子在离原子核远近不同的区域内运动称为电子的分层排布。

德里克·拉乌里推测这种微生物可能是早期磁铁矿产生的主要来源。

后来德里克·拉乌里发现这个细菌家族超过30多种类型，并且测出了一些基因序列。他还测出了这个细菌家族中一种更加神奇的细菌的基因，这种细菌能够产生电能，并且可以净化被铀污染的下水道。

"不要小瞧微生物世界的能力。"科学家们相信，自1987年德里克·拉乌里发现泥土细菌以来，一系列土壤细菌家族以及其他可降解金属的细菌的发现，是通向一个全新的、具有独特生物代谢方式的微生物世界的开始。

自然的语言
——揭秘生物世界

"我们越来越明确地看到,这些微生物在地球的微生物总量中占有很大的比例,它们是维护地球环境和生态进步的巨大推动力量。"自从嗜金属的泥土菌被发现以来,德里克·拉乌里和他的同事们就在设想利用这种特殊的微生物来保护地下水,解决水污染的问题。因此,科学家们呼吁人们保护这些神奇的嗜铁锈微生物。

能产生天然柴油的罕见菌类

科学家们在南美洲发现一种罕见菌类,将植物肥料分解合成一种碳氢化合物,其功效和柴油非常相似。专家表示,这种菌类将有望在解决世界能源短缺和减少环境污染的问题中发挥重大作用。

这种真菌名叫粉红粘帚菌,生长在巴塔哥尼亚的热带雨林中。它们能够将植物纤维素直接转变成生物燃料——自然地分解产生碳氢化合物,其成分和应用于车辆中的柴油等燃料非常相似。专家认为,这种真菌将是一种潜在的绿色能源。

负责该项研究的科学家们经常在阿根廷和智利边境的巴塔哥尼亚热带雨林中研究新奇的菌类。他们表示:"我们对这种真菌分解出的化合物进行了测试,发现全是碳氢化合物及其

广角镜

·纤维素·

纤维素是由许多葡萄糖分子缩合而成的多糖,不溶于水及一般有机溶剂,是植物细胞壁的主要成分。纤维素是自然界中分布最广、含量最多的一种多糖,占植物界碳含量的50%以上。棉花的纤维素含量接近100%,为天然的最纯纤维素来源。一般木材中,纤维素占40%~50%,还有10%~30%的半纤维素和20%~30%的木质素。

衍生物，这个结果是此前没有预料到的。如果这种菌类被用来生产燃料，将能省去现在生产制作燃料过程中的一些环节。当然，现阶段还需要通过进一步的实验证实可行性。"

此外，他们表示，这种真菌有双倍的价值，因为它们含有独特的基因，能生产出将纤维素分解成柴油气体的酶。从理论上说，当把它们嫁接到其他生物体中时，这些真菌将更加活跃，能更加有效地生产柴油。

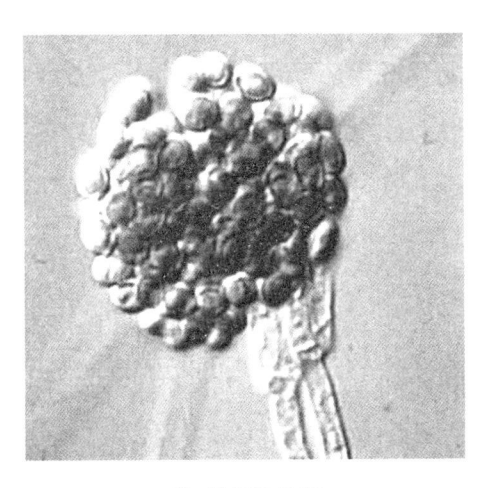

▲ 粉红粘帚菌

吃汞勇士——假单孢杆菌

汞化合物是一种极难对付的污染物，人们曾试图用物理的方法和化学的方法来制服它们，但效果都不大理想，最后还是请来了神通广大的微生物。

在微生物王国里，有一批专吃汞的勇士，名叫假单孢杆菌，可称它们为骁将。它们到了含汞的废水中，不但安然无恙，而且还能把汞吃到肚子里，经过体内的一套特殊的酶系统，把汞离子转化成金属汞。这样既能达到污水净化的目的，人们还可以想办法把它们体内的金属汞回收利用，一举两得。

当今世界，随着工业的迅速发展，城市人口的高度集中，大量的工业废水和生活污水倾泻到江河湖海中，各种各样的污染物使美丽的自然环境受到严重的损害。而微生物王国中有不少成员，如为数众多的细菌、酵母菌、霉菌和一些原生动物，事实上早已充当着净化污水的尖兵。它们把形形色色的污染物"吃进"肚子里，通过各种酶系统的作用，有的污染物被氧化成简单的无机物，同时释放出能量，供微生物生命活动的需要；有的污染物被转化、吸收，成为微生物生长繁殖所需要的营养物。正是经过它们的辛勤劳动，大量的有毒物质被清除了，又脏又臭的污水变清了。有的还能变废为宝，从污水中回收贵重的工业原料；有的又能化害为利，把有害的污水变成可以灌溉农田的肥源。

人类真奇妙

人类是地球上一种有智慧的生物，在一定程度上可以说是地球的统治者。人类是能制造工具并能熟练使用工具进行劳动的高等动物。人类的身上也有很多奇妙的事情，不知你是否听说过？如神秘的人体自燃现象，奇异的人体冷光，神秘的梦游和第六感之谜。人类身上的有些谜至今仍未解开，只能等待爱动脑思考的你去一探究竟了！

屁能调节血压

有研究表明，屁中含有的一种臭鸡蛋味的气体能够控制实验鼠的血压。

我们对这种名为"硫化氢"的气体的恶心气味相当熟悉，它来自人体有肠道，并最终被排出体外。

研究发现，实验鼠血管壁上的细胞也能利用自然方法制造出硫化氢，而且这一过程会松弛血管，有助于实验鼠的血压保持在较低水平，因此能在一定程度上预防高血压。研究人员说，人体血管细胞"毫无疑问"也能制造出硫化氢。

研究报告的撰稿人之一，美国的神经学家所罗门·H.斯奈德曾说："既然我们理解了硫化氢在调节血压方面的作用，那我们就可能研制出促进硫化氢生成的药物，以此作为现有高血压治疗方法的补充。"

硫化氢是科学家发现的一种气体信号分子。我们体内的此类微小分子发挥着重要的生理功能。

由于气体信号分子普遍存在于进化链上的各种哺乳动物体内，因此有关硫化氢重要作用的研究成果就可能被广泛应用于糖尿病、神经退行性疾病等疾病的治疗。

人类毛发的趣闻

人们常用"黄毛丫头"来形容年幼且不明事理的女孩，又用"嘴上无毛，办事不牢"来形容年轻的小伙子做事缺少经验。听起来好像有毛不行，没毛也不对。其实我们的祖先和其他一些哺乳动物一样，浑身长着毛发。我们祖先身上的那些毛发帮助他们度过了严寒的冰河时代。

随着保暖衣服的发明制造和使用，人类的体毛逐渐退化成非常细小的汗毛，最后只有头发、眉毛、睫毛、腋毛、阴毛等没有大的变化。我国科学家吴汝康认为，头发是保护脑颅的，眉毛和睫毛是保护眼睛的，腋毛和阴毛则是为了减缓摩擦，所以这些体毛没有退化。

虽说哺乳动物丰富的体毛在帮助它们度过冰川时期立下了汗马功劳,但在四季分明的岁月,冬季和夏季的温差很大,所以冬季可以保暖的旺盛的体毛到了夏季就完全成了累赘。一部分体毛旺盛的哺乳动物通过季节性的迁徙来躲避夏日的炎热,但其他体毛旺盛的哺乳动物则

> **拓展阅读**
>
> ·冰川时期·
>
> 地球表面覆盖有大规模冰川的地质时期,被称为冰川时期。两次冰期之间为一相对温暖时期,称为间冰期。地球历史上曾发生过多次冰期,最近一次是第四纪冰期。地球在40多亿年的历史中,曾多次显著降温变冷,形成冰期。特别是前寒武纪晚期、石炭纪至二叠纪和新生代的冰期都是持续时间很长的地质事件,通常称为大冰期。

在入夏时采取换毛的方式,把长长的保暖的冬毛逐渐脱掉,使得身体在炎热的夏天凉爽一些。脱毛的机制是由体内的激素控制的。有些人在春天容易感冒、咳嗽、流鼻涕,有人认为这不单单是病毒的原因,很可能和控制体毛脱落的激素分泌有关。

人类身上的海洋印记

生命的起源问题是当今世界上最热门的研究课题之一。许多学者认为,生命起源于海洋,不然,在人类身上为何能找到如此多的海洋印记呢?

解剖学家们发现了一个惊人的现象:人的胚胎在早期有过鳃裂。这说明人类与鱼类一样,也是起源于水中,虽然在漫长的进化过程中鳃逐渐退化了,但仍在人的胚胎早期留下了鳃的痕迹。

科学地说，包括人类在内的所有脊椎动物，也都和鱼类一样，在胚胎的早期出现鳃裂。不同的是，鱼类和两栖类的蝌蚪时期，鳃裂发育成为呼吸时水流的通道，而爬行类、鸟类、哺乳类以及人类的鳃裂，出现不久后便从胚胎消失。

科学家们研究分析后发现，对于生命来说，水比阳光更重要。我们人体的内部就是一个奇妙的海洋。成年人分布在各种组织以及骨骼中的水达70%～85%，而且海水和人血溶解的氯、钠、氨、钾等化学元素的相对含量百分比也惊人地接近。这绝不是巧合，而是人类身上的海洋印记。

人类身上的另一个重要的海洋印记则是人的生命离不开水。人体中所有的生命活动，无论是消化作用、血液循环，还是物质交换与组织合成等一系列活动，全是在水的参与下或在水溶液中完成的。这与海洋又是何等相似。如此看来，人类身上的海洋印记，可称为是一部内容丰富的生物进化教科书。

奇异的人体冷光

人体会发光吗？乍一听，这似乎是一件不可思议的事。实际上每个人每时每刻都在发光，只是这种光太微弱了，以致人眼无法看见它。由于人体光不发热，故名冷光。

冷光是生命活动的重要信息。不同的机体发的光强度不同，身体强壮的人，发的光较强，体弱有病的人，发的光则较弱；体力劳动者或喜欢运动的人，发的光较强，而脑力劳动者发的光较弱。据科学家们测定，青壮年人发的光比老年人的要强一倍，而老年人与少年相比，发光强度则相差不多。

人体表面微弱地发光，有一定的规律可循：就同一个人而言，一般手指尖发的光最强，手指尖所发的光比虎口的强，而虎口发的光比手心的强，手心发的光又比手背的强，人体上肢发的光比下肢的强等等。

人体的冷光也与人的生理状态和体内器官有着内在的联系。如人在疲劳时发的光就较弱，而在休息充分、精力充沛时发的光就较强。如果人体注射或服用一些高能量的药物，其体表的冷光就会明显变强。这表明人体光与生命活动中的能量代谢有密切关系，对此深入研究，就打开了探索人体内部器官、神经系统、经络血脉等方面的窗口。健康人的体表左右两侧相应部位的冷光强度是对称的，处于平衡状态，而一旦生病，便会出现一个或几个与疾病有关的特有的发光不对称点（或叫病理发光信息点）。所以只要检查人体体表各个发光信息点的发光是否对称，就可以诊断是否有病。再确定这个发光不对称信息点出现的部位，就可以诊断得的是什么病了。例如肾病的发光不对称点出现在涌泉穴部位，肝炎患者的发光不对称点出现在太冲穴上。

> **你知道吗**
>
> **·涌泉穴·**
>
> 涌泉穴在人体足底，位于足前部凹陷处第二、三趾趾缝纹头端与足跟连线的前三分之一处，为全身腧穴的最下部，乃是肾经的首穴，在人体养生、防病、治病、保健等各个方面显示出重要作用。

自然的语言
——揭秘生物世界

多数人都会做的 12 种梦

一般来说,人们的梦境其实相差无几,人们无论是在噩梦中还是美梦中所见到的情景几乎都一样,其内容主要分以下 12 种:

1. 被追或追别人

有时你的噩梦中会有某种可怕的东西或某个人追你,比如野兽、暴徒或怪物。野兽和怪物想吃掉你,暴徒想杀害你。

然而,在做美梦的时候,你可能就在追别人——也许是在追自己心仪的对象,也许是在追电影明星,到后来你可能会追上他(她)并与之交谈。

2. 受伤

有时做噩梦,你会梦见有人袭击你,你受伤了,想还击,但身体疲软无力;有人要杀害你或你的亲人,你在梦中痛哭流涕。

若是美梦,情况会好点,你大病初愈获得新生,或者你受伤后,成功地回击了别人。

3. 突发状况

有时做噩梦,你会梦见你的爱车失灵了,你坐在里面疾驰着,狂踩刹车,可就是停不下来。

若是美梦,你会梦到你顺利地解决了危机,处理好了突发状况。

4. 重要物品

有时做噩梦,你会梦见丢失了重要的物品,而你丢失的物品对你来说非常重要,也许是护照、贵重的戒指、票据等等。有时,你还会在梦中想不起来把重要的物品放在哪儿了。

这类情况的美梦是，你找回了重要的物品或得到了重要的东西。

5. 考试或比赛

有时做噩梦，你会梦见又回到学校参加考试，但答不出来试题。或者参加演唱比赛，却哑然失声……

这类情况的美梦则是你在考试或比赛中都取得了巨大的成功。

6. 处于高空中

有时做噩梦，你会梦见自己从悬崖上掉下来，被巨浪卷入海里。

在美梦中你会感觉到自己在天空中翱翔，或者感觉到自己摆脱了地球的引力。

7. 处于公共场合

有时做噩梦，你会梦见自己在大庭广众之下衣衫不整，甚至是赤脚走到了街上。

如果是做美梦，就是你穿着华丽的衣服正在参加重要的聚会。

8. 乘坐交通工具

有时做噩梦，你会梦见自己在往车站狂奔，可火车（汽车或其他交通工具）已经开走了。

然而，美梦中你赶上了火车（汽车或其他交通工具），非常高兴和轻松。

9. 与亲朋通电话

有时做噩梦，你会梦见在与亲朋通电话，但通话却突然中断了。

若是美梦的话，就是你与亲朋聊得十分开心。

10. 令人惊讶的场景

有时做噩梦，你会梦见自己亲眼看到飞机失事，或者是目睹其他令人恐惧的灾难，甚至是地震或火山喷发。

在美梦中，你会梦见自己来到一个仙境，看到很多新奇的东西。

11. 陌生的地方或事物

有时候你会梦见自己在一个陌生的地方迷路了，你需要在那儿找到什么线索，但没有找到或者你不能走路了，腿脚如棉花般无力或者是你陷入泥潭里拼命挣扎，但最终仍摆脱不了。

在美梦中，你会在一个新地方发现许多新的东西。

12. 死人

有时你会在梦中遇到死去的亲人，若是噩梦，则会梦见亲人很痛苦，向自己求助或遭遇紧急情况，而你又帮不上忙。

若是美梦，则会梦见亲人与自己开心地聊天、做事等。

人体皮肤是个细菌"动物园"

皮肤是人体最大的器官。美国微生物学家马丁·布莱泽利用全新分子技术对人类皮肤进行研究后发现，人类皮肤上存活着 182 种细菌，其中一些只是短暂寄居，而有些则在皮肤上安营扎寨、长期居住。

马丁·布莱泽说，研究人员已经将人类皮肤上确认的 182 种不同的细菌分为 91 类，其中大约 8% 的细菌之前从未被发现过。基于这一数据，马丁·布莱泽推断人类皮肤上大概存活有 250 种以上的细菌。

研究发现，人类皮肤上的细菌种类随着时间变化而有所不同。有些细菌常年存活在人的皮肤上，约占总数的 54.4%，它们主要分为葡萄球菌、链球菌、丙酸菌和棒状杆菌4类。其余的细菌则都是短期寄居在人类皮肤上。

知识小链接

细 菌

广义的细菌即为原核生物，是指一大类细胞核无核膜包裹，只存在称作拟核区（或拟核）的裸露DNA的原始单细胞生物，包括真细菌和古生菌两大类群。人们通常所说的为狭义的细菌，狭义的细菌是原核微生物的一类，是一类形状细短、结构简单、多以二分裂方式进行繁殖的原核生物，是在自然界分布最广、个体数量最多的有机体，是大自然物质循环的主要参与者。

研究人员还发现，一些细菌还与其宿主的性别有关。已被确认的182种细菌中就有3种只存活在男性研究对象的皮肤上。

马丁·布莱泽说，人们不必对这一研究结论大惊小怪，也不必感到害怕。细菌是地球上最早出现的单细胞微生物之一，虽然有些细菌会导致疾病，但是也有一些细菌对人体有益。

实际上，细菌长期以来一直存活在人体中，已经成为了人体的一部分。没有细菌，人体也无法正常新陈代谢。它们在人体内可以起到促进消化等有益作用。马丁·布莱泽补充说，很多细菌都对人体起到保护作用，所以他不建议人们总是清洗自己的身体，因为那是在洗掉人体的一层"保护伞"。

神秘的梦游

一般人以为梦游症是一种不自然、不可思议的怪诞现象。生活中，梦游患者表现的一些特征，确实使周围的人感到惊奇，有时甚至感到恐怖。梦游患者会突然产生一种令人难以相信的巨大力量，在面对危难时，完全没有恐惧或不安的样子，可以完成相当困难的动作，而到第二天早晨醒来时，对于前一天夜间的事情却忘得一干二净。

在这些关于梦游症的普通观念中，人们总是把事实和幻想混淆起来。患梦游症的人在夜间起身时，常常表现出一种少有的力量和技巧，清醒的时候记不起在梦游中所做的事情。但有一点是共通的，梦游者不容易被声音和光线所惊醒。造成这种奇特现象的原因有很多，心理研究者将之归纳为下述3类：

第一类：梦游症常常和一些疾病（例如癫痫）有关，这些疾病会诱发梦游。

第二类：这一类梦游主要是发生在身心健全的常态人中的特殊现象，它有明显的遗传特性。20世纪80年代初，慕尼黑有一位哲学教授患梦游症。这位大学教授生于一个有梦游症病史的家庭，后来他与一个近亲表姐结婚。他们夫妇二人和三个孩子都患梦游症。一开始，他们完全不知道自己做出的一些反常行为。在成家后的第七个年头，一次，全家同坐在餐桌边，二女儿突然推倒餐桌，还把餐厅的一面镜子敲破，发出巨大的声响，他们突然从梦中惊醒，才怀疑他们都患梦游症，于是赶快找医生诊治。

第三类：这一类梦游症的患者最多，表现形式得到广泛的研究。

这种人除了有一般精神病的倾向外，完全没有什么疾病的征候。他们患的不是精神病，而是心病，他们的性格有些不稳定、不协调的因素。他们神经过敏，很容易被感动到痛哭或大笑，喜欢把自己当作一切事物的中心，容易趋于极端。这种意志不定、容易动摇的人，他们的心境几乎无时无刻不在变化着。当要实现某种目的时，他们很难用理智恰当地调节自身欲望，他们整个有机体往往完全服从于强有力的欲望，甚至是在睡眠中也受到这种欲望的支配。他们会在梦中站立起来，向他们幻想中的目标直接走去，而不注意周围的一切。要唤醒一个梦游症者，比唤醒一个普通的睡眠者更加困难，其原因便在此。他们整个身心只集中于一件事情——实现他们的欲望。他们完全被这个巨大原动力所控制。这一欲望似乎独立起来，与他们的日常生活不存在任何联系，所以，他们在夜间所碰到的事情不在记忆之中。

对一般人产生作用的声音和光线，常常不能使梦游者清醒过来。令梦游者清醒的有效方法是让他们的身体接触冷水。有一个男人梦游，他的妻子用了许多办法，都无法将他唤醒。后来她想出一个妙计，每夜把一盆冷水摆在丈夫梦游时习惯下床的地方，这个方法好几次成功地将她的丈夫弄醒。可是过了不久，他在梦游时下床的时候，却避开了那盆冷水，从床的另一边下去。这是不足为奇的：他心中强烈的欲望迫使他避开一切障碍，向唯一的目标前进。患梦游症的儿童明显比成人多，这也可用上述心理的解释来说明。特别是一些在清醒时未显现出来的潜意识中的消极心理，像孤独无依、恐惧或妒忌等，都会使儿童在熟睡时产生一种亲近父母的愿望。当儿童失去家人时，他（她）觉得受到他人的忽视，从而渴求得到更多抚爱。当儿童在梦中自由行动时，他是想要实现心中那种强烈的愿望。随着儿童逐渐成长，这种梦游症常常自己消失了。梦游症的现象在过去是被世人误解的，它被一层神秘和恐怖的帷幕罩着。上面这些较为科学的解释，有望将这些误解消除。我们由此可以知道人类机体内有许多心灵上的深层溪流，比富于幻想的小说更神秘、更紧张、更动人。

第六感觉之谜

人类的感觉在生理上分为视觉、听觉、嗅觉、味觉和触觉。后来，科学家们又发现人和动物除了这5种感觉外还有第六种感觉。

英国科学家发现，一位全盲的男子居然还能识别他人脸上的表情。科研人员对这名52岁的全盲男子进行了实验。他的世界一片黑暗，无法辨别动作、颜色、形状和亮光，但他的眼睛仍能接收光信号，并可将光信号转换成电信号传输到大脑。

有趣的是，当研究人员向他展示200张印有一系列不同人物面部表情的图片时，他居然能辨别出这些表情，而且正确率达59%，这比随机猜测的概率大多了。这说明尽管他的大脑视觉皮层被破坏，无法拥有正常视觉，但负责感知情感的大脑部位仍然发挥功能。依此推测，人的大脑可能存在与已知的视觉、听觉、嗅觉、味觉和触觉机理不同的感觉功能，感知情感可能是第六感觉的一种表现形式。

同样，在动物世界中也普遍存在第六感觉。动物的第六感觉是指它们对外激素的感觉。外激素是由动物分泌的化学物质，用于影响同种动物的行为。科学家通过实验证实，老鼠借助免疫系统中的"主要组织相容性复合体（MHC）"对同类动物进行基因鉴别，从而获得了第六感觉。